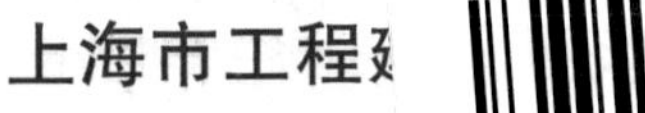

成型钢筋混凝土结构设计标准

Standard for design of fabricated-steel reinforced concrete structures

DG/TJ 08—2414—2023

J 16934—2023

主编部门：同济大学

上海紫宝建设工程有限公司

批准部门：上海市住房和城乡建设管理委员会

施行日期：2023 年 11 月 1 日

同济大学出版社

2024 年　上海

图书在版编目(CIP)数据

成型钢筋混凝土结构设计标准 / 同济大学，上海紫宝建设工程有限公司主编. --上海：同济大学出版社，2024.11. -- ISBN 978-7-5765-1276-2

Ⅰ. TU375.04-65

中国国家版本馆 CIP 数据核字第 202446NA45 号

成型钢筋混凝土结构设计标准

同济大学
上海紫宝建设工程有限公司 **主编**

责任编辑 朱 勇
责任校对 徐春莲
封面设计 陈益平

出版发行 同济大学出版社 www.tongjipress.com.cn
（地址：上海市四平路 1239 号 邮编：200092 电话：021－65985622）
经 销 全国各地新华书店
印 刷 浦江求真印务有限公司
开 本 889mm×1194mm 1/32
印 张 2.625
字 数 66 000
版 次 2024 年 11 月第 1 版
印 次 2024 年 11 月第 1 次印刷
书 号 ISBN 978-7-5765-1276-2
定 价 30.00 元

上海市住房和城乡建设管理委员会文件

沪建标定〔2023〕227 号

上海市住房和城乡建设管理委员会
关于批准《成型钢筋混凝土结构设计标准》为
上海市工程建设规范的通知

各有关单位：

由同济大学和上海紫宝建设工程有限公司主编的《成型钢筋混凝土结构设计标准》，经我委审核，现批准为上海市工程建设规范，统一编号为 DG/TJ 08—2414—2023，自 2023 年 11 月 1 日起实施。

本标准由上海市住房和城乡建设管理委员会负责管理，同济大学负责解释。

上海市住房和城乡建设管理委员会

2023 年 5 月 9 日

前　言

根据上海市住房和城乡建设管理委员会《关于印发〈2015年上海市工程建设规范编制计划〉的通知》（沪建标定〔2014〕966号）的要求，由同济大学和上海紫宝建设工程有限公司会同有关单位编制本标准。

本标准的主要内容有：总则；术语和符号；材料；设计计算；构造规定。

各单位及相关人员在本标准执行过程中，请注意总结经验，积累资料，并将有关意见和建议反馈至上海市住房和城乡建设管理委员会（地址：上海市大沽路100号；邮编：200003；E-mail：shjsbzgl@163.com），同济大学《成型钢筋混凝土结构设计标准》编制组（地址：上海市四平路1239号同济大学土木大楼A505室；邮编：200092；E-mail：xuewc@tongji.edu.cn），上海市建筑建材业市场管理总站（地址：上海市小木桥路683号；邮编：200032；E-mail：shgcbz@163.com），以供今后修订时参考。

主编单位：同济大学
上海紫宝建设工程有限公司

参编单位：上海市城市建设设计研究总院（集团）有限公司
中国建筑科学研究院建筑机械化研究分院
上海城建物资有限公司
上海市建工设计研究总院有限公司
中国建筑第八工程局有限公司
上海建工四建集团有限公司
长沙远大住宅工业有限公司
上海君道住宅工业有限公司

上海良浦住宅工业有限公司

主要起草人：薛伟辰　恽燕春　黄　谦　郑振鹏　刘子金
胡　翔　朱永明　栗　新　张　铭　夏　锋
赵红学　张德财　江佳斐　雷　杰　郑　强
宋　培　徐壮涛　丁　泓　赵　斌　沈　健
李　佳　苏瑞佳　陈盛扬　夏　康　严大威

主要审查人：王恒栋　朱毅敏　李伟兴　朱建华　朱敏涛
李进军　潘　峰

上海市建筑建材业市场管理总站

目　次

Contents

1 总　则

1.0.1 为在成型钢筋混凝土结构设计中，贯彻执行国家和本市的技术经济政策，做到安全适用、技术先进、经济合理、确保质量，推动成型钢筋混凝土结构的工程应用，制定本标准。

1.0.2 本标准适用于本市建设工程中的成型钢筋混凝土结构设计。

1.0.3 成型钢筋混凝土结构的设计除应符合本标准外，尚应符合国家、行业及本市现行有关标准的规定。

2 术语和符号

2.1 术 语

2.1.1 成型钢筋 fabricated steel bar

按设计施工图纸规定的形状、尺寸和要求，采用机械加工成型的普通钢筋制品。

2.1.2 成型钢筋混凝土结构 fabricated-steel reinforced concrete structure

配置成型钢筋的混凝土结构，包括现浇混凝土结构和预制混凝土结构。

2.1.3 钢筋焊接网 welded steel fabric

纵向和横向钢筋分别以一定间距垂直排列，全部交叉点均用电阻点焊焊在一起的钢筋网片，简称焊接网。

2.1.4 弯网成型钢筋骨架 reinforcement framework using bent steel fabric

采用弯折设备将焊接网弯折形成的成型钢筋骨架。

2.1.5 绕箍成型钢筋骨架 reinforcement framework using hooped stirrup

采用绕箍设备将钢筋螺旋弯折环绕成箍筋，并将其与纵筋可靠连接形成的成型钢筋骨架。

2.1.6 穿箍成型钢筋骨架 reinforcement framework using passed through stirrup

将纵筋穿入预先成型的箍筋中，并将其与箍筋可靠连接形成的成型钢筋骨架。

2.1.7 钢筋机械连接 rebar mechanical splicing

通过钢筋与连接件或其他介入材料的机械咬合作用或钢筋端面的承压作用，将一根钢筋中的力传递至另一根钢筋的连接方法。

2.1.8 钢筋套筒灌浆连接 grout sleeve splicing of rebars

在金属套筒中插入单根带肋钢筋并注入灌浆料拌合物，通过拌合物硬化形成整体并实现传力的钢筋对接连接，简称套筒灌浆连接。

2.1.9 锚固板 anchorage head for rebar

设置于钢筋端部用于锚固钢筋的承压板。

2.2 符 号

2.2.1 作用和作用效应

M——弯矩设计值；

M_q——按荷载准永久组合计算的弯矩值；

N——轴向力设计值；

V——剪力设计值；

σ_{sq}——按荷载准永久组合计算的纵向受拉钢筋应力；

w_{max}——按荷载准永久组合，并考虑长期作用影响的计算最大裂缝宽度。

2.2.2 材料性能

E_s——钢筋弹性模量；

f_{yk}——成型钢筋屈服强度标准值；

f_y——成型钢筋抗拉强度设计值；

f'_y——成型钢筋抗压强度设计值；

f_t——混凝土轴心抗拉强度设计值；

f_c——混凝土轴心抗压强度设计值。

2.2.3 几何参数

A——构件截面面积；

A_s——受拉区纵向钢筋的截面面积；

A'_s——受压区纵向钢筋的截面面积；

A_{cor}——箍筋、螺旋筋或钢筋网所围成的混凝土核心截面面积；

a_s——纵向受拉钢筋合力点至截面近边的距离；

a'_s——纵向受压钢筋合力点至截面近边的距离；

B——受弯构件的截面刚度；

B_s——按荷载准永久组合计算的受弯构件的短期刚度；

b——矩形截面宽度，T形、I形截面的腹板宽度；

d——钢筋直径；

h_0——截面有效高度；

l_a——纵向受拉钢筋的锚固长度；

l_{abE}——纵向受拉钢筋的抗震基本锚固长度；

l_{aE}——纵向受拉钢筋的抗震锚固长度；

l_l——纵向受拉钢筋的搭接长度；

l_{lE}——纵向受拉钢筋的抗震搭接长度；

x——混凝土受压区高度。

2.2.4 计算系数

α_E——钢筋弹性模量与混凝土弹性模量的比值；

ξ_b——相对界限受压区高度；

ρ——纵向受拉钢筋配筋率；

υ——钢筋的相对粘结特性系数；

ψ——裂缝间纵向受拉钢筋应变不均匀系数。

3 材 料

3.1 混凝土

3.1.1 混凝土的强度标准值、强度设计值和弹性模量，应符合现行国家标准《混凝土结构设计规范》GB 50010 和其他相关标准的规定。

3.1.2 混凝土的耐久性要求应符合现行国家标准《混凝土结构耐久性设计标准》GB/T 50476、《混凝土结构通用规范》GB 55008 和《混凝土结构设计规范》GB 50010 的有关规定。处于二 a 类、二 b 类环境中的结构构件，其混凝土强度等级不宜低于 C30。

3.2 钢 筋

3.2.1 成型钢筋应符合现行国家标准《混凝土结构用成型钢筋制品》GB/T 29733、《钢筋混凝土用钢　第 1 部分：热轧光圆钢筋》GB/T 1499.1、《钢筋混凝土用钢　第 2 部分：热轧带肋钢筋》GB/T 1499.2、《钢筋混凝土用余热处理钢筋》GB 13014、《冷轧带肋钢筋》GB/T 13788 和现行行业标准《冷轧带肋钢筋混凝土结构技术规程》JGJ 95、《高延性冷轧带肋钢筋》YB/T 4260 等的规定。

3.2.2 成型钢筋中常用钢筋种类和力学性能应符合表 3.2.2 的规定。

表 3.2.2　常用钢筋种类和力学性能

钢筋牌号	公称直径范围（mm）	屈服强度标准值 f_{yk}（N/mm^2）	极限强度标准值 f_{stk}（N/mm^2）	断后伸长率 A（%）	最大力总延伸率 δ_{gt}（%）
HPB300	6～22	300	420	25.0	10.0

续表3.2.2

钢筋牌号	公称直径范围(mm)	屈服强度标准值 f_{yk} (N/mm^2)	极限强度标准值 f_{stk} (N/mm^2)	断后伸长率 A (%)	最大力总延伸率 δ_{gt} (%)
HRB400 HRBF400	6～50	400	540	16.0	7.5
HRB400E HRBF400E	6～50	400	540	—	9.0
HRB500 HRBF500	6～50	500	630	15.0	7.5
HRB500E HRBF500E	6～50	500	630	—	9.0
HRB600	6～50	600	730	—	7.5
HRB600E	6～50	600	750	—	9.0
RRB400	8～50	400	540	14.0	5.0
RRB400W	8～40	430	570	16.0	7.5
RRB500	8～50	500	630	13.0	5.0
CRB550	5～12	500	550	8.0	2.5
CPB550	5～12	500	550	5.0	—
CRB600H	5～12	520	600	14.0	5.0

3.2.3 钢筋的公称直径、计算截面面积及理论重量应符合表3.2.3的规定。

表3.2.3 钢筋的公称直径、计算截面面积及理论重量

公称直径(mm)	计算截面面积(mm^2)	钢筋理论重量(kg/m)
5	19.6	0.154
6	28.3	0.222
8	50.3	0.395
10	78.5	0.617

续表3.2.3

公称直径(mm)	计算截面面积(mm^2)	钢筋理论重量(kg/m)
12	113.1	0.888
14	153.9	1.208
16	201.1	1.578
18	254.5	1.998
20	314.2	2.466
22	380.1	2.984
25	490.9	3.853
28	615.8	4.834
32	804.2	6.313
36	1 017.9	7.990
40	1 256.6	9.865
50	1 963.5	15.413

3.2.4 钢筋实际重量与理论重量的偏差应符合表 3.2.4 的规定。

表 3.2.4 钢筋实际重量与理论重量偏差表

公称直径(mm)		实际重量与理论重量的偏差(%)
热轧带肋钢筋 余热处理钢筋	6～12	±6
	14～20	±5
	22～50	±4
热轧光圆钢筋	6～12	±7
	14～22	±5
冷轧带肋钢筋	5～12	±4
冷轧光圆钢筋	5～12	±4
高延性冷轧带肋钢筋	5～12	±4

3.2.5 钢筋的最小弯芯直径应符合表3.2.5的规定。

表3.2.5 钢筋的工艺性能参数

牌号	公称直径 d	弯芯直径
CPB550	5～12	$3d$
CRB550	5～12	$3d$
CRB600H	5～12	$3d$
HRB400 HRBF400 RRB400 RRB400W	6～25	$4d$
	28～40	$5d$
	50	$6d$
HRB500 HRBF500 RRB500	6～25	$6d$
	28～40	$7d$
	50	$8d$

3.2.6 成型钢筋混凝土结构的钢筋应按下列规定选用：

1 纵向受力普通钢筋宜采用HRB400、HRBF400、HRB500、HRBF500、HRB600钢筋，也可采用HPB300、RRB400、RRB500钢筋。按一、二、三级抗震等级设计的框架和斜撑构件（含梯段）中的纵向受力普通钢筋应采用HRB400E、HRB500E、HRB600E、HRBF400E、HRBF500E钢筋，其强度和最大力下总延伸率的实测值应符合现行国家标准《混凝土结构工程施工质量验收规范》GB 50204的有关规定。

2 梁、柱纵向受力普通钢筋应采用HRB400、HRBF400、HRB500、HRBF500钢筋。

3 箍筋宜采用HPB300、HRB400、HRBF400、HRB500、HRBF500钢筋。

4 钢筋焊接网宜采用CRB550、CRB600H、HRB400、HRBF400、HRB500或HRBF500钢筋；作为构造钢筋，也可采用CPB550钢筋。

3.3 连接材料

3.3.1 用于钢筋机械连接的套筒应符合现行行业标准《钢筋机械连接用套筒》JG/T 163 的规定；套筒原材料采用 45 号钢冷拔或冷轧精密无缝钢管时，钢管应进行退火处理，并应满足现行行业标准《钢筋机械连接用套筒》JG/T 163 对钢管强度限值和断后伸长率的要求。

3.3.2 钢筋套筒灌浆连接接头采用的套筒应符合现行行业标准《钢筋连接用灌浆套筒》JG/T 398 的规定，成型钢筋套筒灌浆连接用灌浆料应符合现行行业标准《钢筋连接用套筒灌浆料》JG/T 408 的规定。

3.3.3 成型钢筋连接用焊接材料应符合现行行业标准《钢筋焊接及验收规程》JGJ 18 的规定。

3.3.4 成型钢筋用钢筋锚固板材料应符合现行行业标准《钢筋锚固板应用技术规程》JGJ 256 的规定。

4 设计计算

4.1 一般规定

4.1.1 成型钢筋混凝土结构设计计算包括承载能力极限状态计算、正常使用极限状态验算和耐久性设计等，除应符合本标准的规定外，尚应符合现行国家标准《建筑结构荷载规范》GB 50009、《混凝土结构设计规范》GB 50010、《建筑抗震设计规范》GB 50011、《建筑结构可靠性设计统一标准》GB 50068、《建筑与市政工程抗震通用规范》GB 55002、《装配式混凝土建筑技术标准》GB/T 51231 及其他相关标准的有关规定。

4.1.2 成型钢筋混凝土结构构件承载能力极限状态的计算，对持久设计状况和短暂设计状况应按作用的基本组合确定；对地震设计状况应按作用的地震基本组合计算。

4.1.3 对正常使用极限状态下裂缝宽度和变形的验算，应按荷载的准永久组合并考虑长期作用的影响计算。

4.1.4 成型钢筋混凝土结构的耐久性应根据结构的设计使用年限、结构所处的环境类别和环境作用等级进行设计。

4.1.5 有抗震设防要求的成型钢筋混凝土构件承载力计算应符合现行国家标准《建筑抗震设计规范》GB 50011 的有关规定。

4.1.6 成型钢筋堆放、运输和吊装等短暂受力状态下宜进行受力验算，并应捆扎整齐、牢固，采取保护和加强措施，防止成型钢筋发生塑性变形或钢筋骨架发生过大变形。成型钢筋的堆放、运输和吊装尚应符合现行行业标准《混凝土结构成型钢筋应用技术规程》JGJ 366 和《钢筋焊接网混凝土结构技术规程》JGJ 114 的有关规定。

4.2 正截面承载力计算

Ⅰ 正截面受弯承载力计算

4.2.1 成型钢筋混凝土结构构件正截面受弯承载力计算的基本假定应符合现行国家标准《混凝土结构设计规范》GB 50010 的有关规定。

4.2.2 矩形截面或翼缘位于受拉边的倒 T 形截面受弯构件，其正截面受弯承载力(图 4.2.2)应符合下列规定：

$$M \leqslant \alpha_1 f_c bx\left(h_0 - \frac{x}{2}\right) + f'_y A'_s (h_0 - a'_s) \quad (4.2.2\text{-}1)$$

混凝土受压区高度应按下式确定：

$$\alpha_1 f_c bx = f_y A_s - f'_y A'_s \quad (4.2.2\text{-}2)$$

混凝土受压区高度尚应符合下列条件：

$$x \leqslant \xi_b h_0 \quad (4.2.2\text{-}3)$$

$$x \geqslant 2a'_s \quad (4.2.2\text{-}4)$$

式中：M——弯矩设计值；

α_1——系数(当混凝土强度等级不超过 C50 时，α_1 取为 1.0；当混凝土强度等级为 C80 时，α_1 取为 0.94；其间按线性内插法取用)；

f_c——混凝土轴心抗压强度设计值，应符合本标准第 3.1.1 条的有关规定；

b——矩形截面的宽度或倒 T 形截面的腹板宽度；

x——混凝土受压区高度；

h_0——截面有效高度；

f_y——普通钢筋抗拉强度设计值；

f'_y——普通钢筋抗压强度设计值；

A_s ——受拉区纵向普通钢筋的截面面积；

A'_s ——受压区纵向普通钢筋的截面面积；

a_s ——受拉区纵向普通钢筋合力点至截面受拉边缘的距离；

a'_s ——受压区纵向普通钢筋合力点至截面受压边缘的距离；

ξ_b ——相对界限受压区高度(当混凝土强度等级不超过C50 时，对 CRB550 和 CRB600H 钢筋焊接网，取 $\xi_b=0.36$；对 HRB400、HRBF400 钢筋焊接网，取 $\xi_b=0.52$；对 HRB500、HRBF500 钢筋焊接网，取 $\xi_b=0.48$。当混凝土强度等级超过 C50 时，ξ_b 按现行国家标准《混凝土结构设计规范》GB 50010 的有关规定取值)。

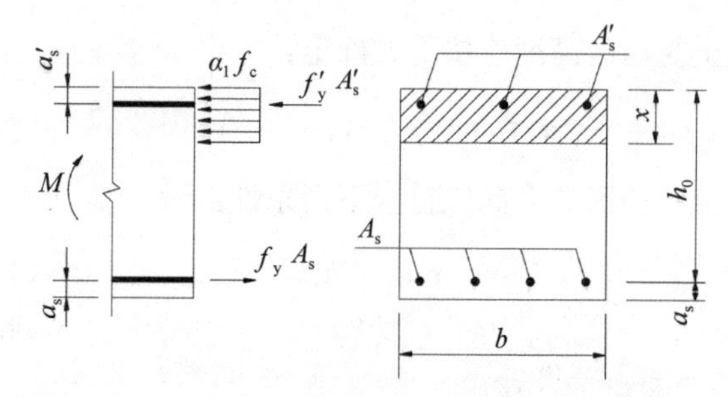

图 4.2.2 矩形截面受弯构件正截面受弯承载力计算

4.2.3 当计算中计入纵向受压钢筋时，应满足本标准公式(4.2.2-4)的条件；当不满足此条件时，正截面受弯承载力应符合下列规定：

$$M \leqslant f_y A_s (h - a_s - a'_s) \tag{4.2.3}$$

Ⅱ 正截面受压承载力计算

4.2.4 钢筋混凝土轴心受压构件，当配置的箍筋符合现行国家标准《混凝土结构设计规范》GB 50010 的规定时，其正截面受压承载力应符合下列规定：

$$N \leqslant 0.9\varphi(f_c A + f'_y A'_s) \qquad (4.2.4)$$

式中：N——轴向压力设计值；

φ——钢筋混凝土构件的稳定系数，按表 4.2.4 采用；

f_c——混凝土轴心抗压强度设计值，应符合本标准第 3.1.1 条的有关规定；

A——构件截面面积；

A'_s——全部纵向普通钢筋的截面面积。

当纵向普通钢筋的配筋率大于 3%时，公式(4.2.4)中的 A 应改用 $(A-A'_s)$ 代替。

表 4.2.4　钢筋混凝土轴心受压构件的稳定系数

l_0/b	≤8	10	12	14	16	18	20	22	24	26	28
l_0/d	≤7	8.5	10.5	12	14	15.5	17	19	21	22.5	24
l_0/i	≤28	35	42	48	55	62	69	76	83	90	97
φ	1.00	0.98	0.95	0.92	0.87	0.81	0.75	0.70	0.65	0.60	0.56
l_0/b	30	32	34	36	38	40	42	44	46	48	50
l_0/d	26	28	29.5	31	33	34.5	36.5	38	40	41.5	43
l_0/i	104	111	118	125	132	139	146	153	160	167	174
φ	0.52	0.48	0.44	0.40	0.36	0.32	0.29	0.26	0.23	0.21	0.19

注：1　l_0 为构件的计算长度，对钢筋混凝土柱可按国家标准《混凝土结构设计规范》GB 50010—2010 第 6.2.20 条的规定取用。

2　b 为矩形截面的短边尺寸，d 为圆形截面的直径，i 为截面的最小回转半径。

4.2.5　钢筋混凝土轴心受压构件，当配置的螺旋式或焊接环式间接钢筋符合现行国家标准《混凝土结构设计规范》GB 50010 的规定时，其正截面受压承载力应符合下列规定(图 4.2.5)：

$$N \leqslant 0.9(f_c A_{cor} + f'_y A'_s + 2\alpha f_{yv} A_{ss0}) \qquad (4.2.5\text{-}1)$$

$$A_{ss0} = \frac{\pi d_{cor} A_{ss1}}{s} \qquad (4.2.5\text{-}2)$$

式中：A_{cor}——构件的核心截面面积，取间接钢筋内表面范围内的混凝土截面面积；

α——间接钢筋对混凝土约束的折减系数（当混凝土强度等级不超过 C50 时，取 1.0；当混凝土强度等级为 C80 时，取 0.85；其间按线性内插法确定）；

f_{yv}——间接钢筋的抗拉强度设计值；

A_{ss0}——螺旋式或焊接环式间接钢筋的换算截面面积；

d_{cor}——构件的核心截面直径，取间接钢筋内表面之间的距离；

A_{ss1}——螺旋式或焊接环式单根间接钢筋的截面面积；

s——间接钢筋沿构件轴线方向的间距。

注：1　按公式（4.2.5-1）算得的构件受压承载力设计值不应大于按本标准公式（4.2.4）算得的构件受压承载力设计值的 1.5 倍。

2　当遇到下列任意一种情况时，不应计入间接钢筋的影响，而应按本标准第 4.2.4 条的规定进行计算：

1) 当 $l_0/d > 12$ 时，式中 l_0 为构件的计算长度，d 为圆形截面的直径；

2) 当按公式（4.2.5-1）算得的受压承载力小于按本标准公式（4.2.4）算得的受压承载力时；

3) 当间接钢筋的换算截面面积 A_{ss0} 小于纵向普通钢筋的全部截面面积的 25%时。

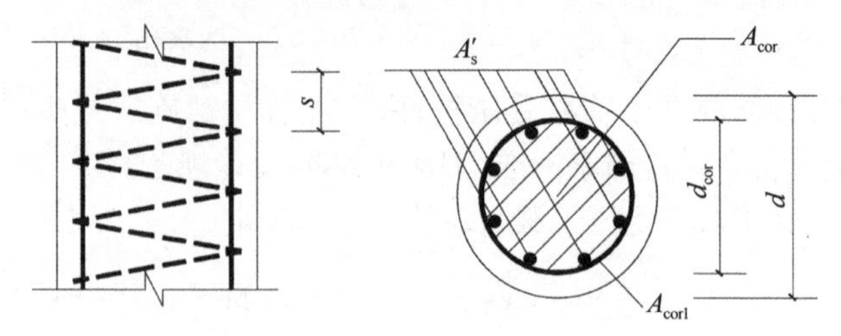

图 4.2.5　配置螺旋式间接钢筋的钢筋混凝土轴心受压构件

4.2.6 矩形截面偏心受压构件正截面受压承载力应符合下列规定(图 4.2.6):

$$N \leqslant \alpha_1 f_c bx + f'_y A'_s - \sigma_s A_s \qquad (4.2.6\text{-}1)$$

$$Ne \leqslant \alpha_1 f_c bx\left(h_0 - \frac{x}{2}\right) + f'_y A'_s (h_0 - a'_s) \qquad (4.2.6\text{-}2)$$

$$e = e_i + \frac{h}{2} - a \qquad (4.2.6\text{-}3)$$

$$e_i = e_0 + e_a \qquad (4.2.6\text{-}4)$$

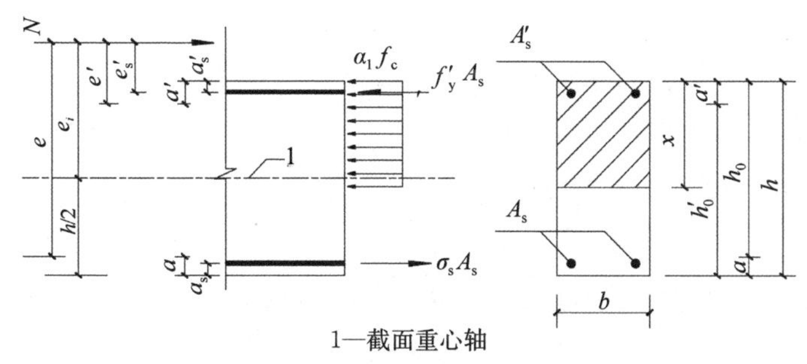

1—截面重心轴

图 4.2.6 偏心受压构件正截面受压承载力计算

式中:σ_s ——受拉边或受压较小边的纵向普通钢筋的应力;

e——轴向压力作用点至纵向受拉普通钢筋的距离;

e_i ——初始偏心距;

a——纵向受拉普通钢筋合力点至截面近边缘的距离;

e_0 ——轴向压力对截面重心的偏心距,取为 M/N,当需要考虑二阶效应时,M 为国家标准《混凝土结构设计规范》GB 50010—2010 第 6.2.4 条规定的弯矩设计值;

e_a ——附加偏心距,应符合国家标准《混凝土结构设计规范》GB 50010—2010 第 6.2.5 条的有关规定。

按上述规定计算时,应符合下列要求:

1 钢筋的应力 σ_s 可按下列情况确定:

1) 当 ξ 不大于 ξ_b 时为大偏心受压构件,取 σ_s 为 f_y,此处 ξ

为相对受压区高度，取为 x/h_0；

2）当 ξ 大于 ξ_b 时为小偏心受压构件，σ_s 按国家标准《混凝土结构设计规范》GB 50010—2010 第 6.2.8 条的规定进行计算。

2 当计算中计入纵向受压普通钢筋时，受压区高度应满足本标准公式(4.2.2-4)的条件；当不满足此条件时，其正截面受压承载力可按本标准第 4.2.3 条的规定进行计算，此时，应将本标准公式(4.2.3)中的 M 以 Ne'_s 代替，此处，e'_s 为轴向压力作用点至受压区纵向普通钢筋合力点的距离；初始偏心距应按公式(4.2.6-4)确定。

3 矩形截面非对称配筋的小偏心受压构件，当 N 大于 $f_c bh$ 时，尚应按下列公式进行验算：

$$Ne' \leqslant f_c bh\left(h'_0 - \frac{h}{2}\right) + f'_y A_s(h'_0 - a_s) \quad (4.2.6\text{-}5)$$

$$e' = \frac{h}{2} - a' - (e_0 - e_a) \quad (4.2.6\text{-}6)$$

式中：e' ——轴向压力作用点至纵向受拉钢筋合力点的距离；

h'_0 ——纵向受压钢筋合力点至截面远边的距离。

4 矩形截面对称配筋（$A'_s = A_s$）的钢筋混凝土小偏心受压构件，也可按下列近似公式计算纵向钢筋截面面积：

$$A'_s = \frac{Ne - \xi(1 - 0.5\xi)\alpha_1 f_c bh_0^2}{f'_y(h_0 - a'_s)} \quad (4.2.6\text{-}7)$$

此处，相对受压区高度 ξ 可按下列公式计算：

$$\xi = \frac{N - \xi_b \alpha_1 f_c bh_0}{\dfrac{Ne - 0.43\alpha_1 f_c bh_0^2}{(\beta_1 - \xi_b)(h_0 - a'_s)} + \alpha_1 f_c bh_0} + \xi_b \quad (4.2.6\text{-}8)$$

Ⅲ 正截面受拉承载力计算

4.2.7 轴心受拉构件的正截面受拉承载力应符合下列规定：

$$N \leqslant f_y A_s \quad (4.2.7)$$

式中：N ——轴向拉力设计值；

A_s ——纵向钢筋的截面面积。

4.2.8 矩形截面偏心受拉构件的正截面受拉承载力应符合下列规定：

1 小偏心受拉构件

当轴向拉力作用在钢筋 A_s 与 A'_s 之间时：

$$Ne \leqslant f_y A'_s (h_0 - a'_s) \quad (4.2.8\text{-}1)$$

$$Ne' \leqslant f_y A_s (h'_0 - a_s) \quad (4.2.8\text{-}2)$$

2 大偏心受拉构件

当轴向拉力不作用在钢筋 A_s 与 A'_s 的合力点之间时：

$$N \leqslant f_y A_s - f'_y A'_s - \alpha_1 f_c bx \quad (4.2.8\text{-}3)$$

$$Ne \leqslant \alpha_1 f_c bx \left(h_0 - \frac{x}{2}\right) + f'_y A'_s (h_0 - a'_s) \quad (4.2.8\text{-}4)$$

此时混凝土受压区的高度应满足本标准公式(4.2.2-3)的要求。当计算中计入纵向受压钢筋时，应满足本标准公式(4.2.2-4)的要求；当不满足时，可按公式(4.2.8-2)计算。

3 对称配筋的矩形截面偏心受拉构件，不论大、小偏心受拉情况，均可按公式(4.2.8-2)计算。

4.3 斜截面承载力计算

4.3.1 矩形、T 形和 I 形截面受弯构件的受剪截面应符合下列条件：

当 $h_w/b \leqslant 4$ 时

$$V \leqslant 0.25\beta_c f_c bh_0 \quad (4.3.1\text{-}1)$$

当 $h_w/b \geqslant 6$ 时

$$V \leqslant 0.2\beta_c f_c b h_0 \tag{4.3.1-2}$$

当 $4 < h_w/b < 6$ 时，按线性内插法确定。

式中：V ——构件斜截面上的最大剪力设计值；

β_c ——混凝土强度影响系数(当混凝土强度等级不超过 C50 时，β_c 取 1.0；当混凝土强度等级为 C80 时，β_c 取 0.8；其间按线性内插法确定)；

b——矩形截面的宽度，T 形截面或 I 形截面的腹板宽度；

h_0 ——截面的有效高度；

h_w ——截面的腹板高度(矩形截面，取有效高度；T 形截面，取有效高度减去翼缘高度；I 形截面，取腹板净高)。

注：1 对 T 形或 I 形截面的简支受弯构件，当有实践经验时，公式(4.3.1-1)中的系数可改用 0.3。

2 对受拉边倾斜的构件，当有实践经验时，其受剪截面的控制条件可适当放宽。

4.3.2 计算斜截面受剪承载力时，剪力设计值的计算截面应按下列规定采用：

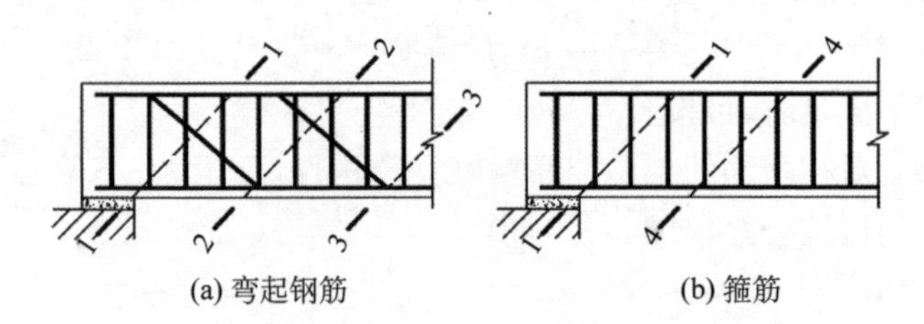

1—1：支座边缘处的斜截面；2—2，3—3：受拉区弯起钢筋弯起点的斜截面；4—4：箍筋截面面积或间距改变处的斜截面

图 4.3.2 斜截面受剪承载力剪力设计值的计算截面

1 支座边缘处的截面[图 4.3.2(a)、(b)截面 1—1]。

2 受拉区弯起钢筋弯起点处的截面[图 4.3.2(a)截面 2—2、3—3]。

3 箍筋截面面积或间距改变处的截面[图 4.3.2(b)截面 4—4]。

4 截面尺寸改变处的截面。

注:1 受拉边倾斜的受弯构件,尚应包括梁的高度开始变化处、集中荷载作用处和其他不利的截面。

2 箍筋的间距以及弯起钢筋前一排(对支座而言)的弯起点至后一排的弯终点的距离,应符合现行国家标准《混凝土结构设计规范》GB 50010 的构造要求。

4.3.3 配置成型钢筋受弯构件的斜截面受剪承载力应符合下列规定:

$$V \leqslant V_{cs} \tag{4.3.3-1}$$

$$V_{cs} = \alpha_{cv} f_t b h_0 + f_{yv} \frac{A_{sv}}{s} h_0 \tag{4.3.3-2}$$

式中:V_{cs}——构件斜截面上混凝土和箍筋的受剪承载力设计值;

α_{cv}——斜截面混凝土受剪承载力系数[对于一般受弯构件,取 0.7;对集中荷载作用下(包括作用有多种荷载,其中集中荷载对支座截面或节点边缘所产生的剪力值占总剪力的 75%以上的情况)的独立梁,取 α_{cv} 为 $\frac{1.75}{\lambda+1}$,λ 为计算截面的剪跨比,可取 λ 等于 a/h_0。当 λ 小于 1.5 时,取 1.5;当 λ 大于 3 时,取 3;a 取集中荷载作用点至支座截面或节点边缘的距离];

A_{sv}——配置在同一截面内箍筋各肢的全部截面面积,即 nA_{sv1},此处,n 为在同一个截面内箍筋的肢数,A_{sv1} 为单肢箍筋的截面面积;

s——间接钢筋沿构件轴线方向的间距;

f_{yv}——箍筋的抗拉强度设计值。

4.4 正常使用极限状态验算

4.4.1 成型钢筋混凝土受拉、受弯和偏心受压构件,按荷载准永久组合并考虑长期作用影响的最大裂缝宽度可按下列公式计算：

$$w_{max}=1.9\phi\frac{\sigma_{sq}}{E_s}\left(1.9c_s+0.08\frac{d_{eq}}{\rho_{te}}\right) \tag{4.4.1-1}$$

$$\phi=1.1-\frac{0.65f_{tk}}{\rho_{te}\sigma_{sq}} \tag{4.4.1-2}$$

$$\rho_{te}=\frac{A_s}{A_{te}} \tag{4.4.1-3}$$

$$d_{eq}=\frac{\sum n_i d_i^2}{\sum n_i v_i d_i} \tag{4.4.1-4}$$

式中：w_{max}——按荷载的准永久组合并考虑长期作用影响计算的最大裂缝宽度；

ϕ——裂缝间纵向受拉钢筋应变不均匀系数（当 $\phi<0.2$ 时，取 $\phi=0.2$；当 $\phi>1.0$ 时，取 $\phi=1.0$；对直接承受重复荷载的构件，取 $\phi=1.0$）；

σ_{sq}——按荷载准永久组合计算的成型钢筋混凝土构件纵向受拉钢筋应力；

E_s——钢筋的弹性模量，按现行国家标准《混凝土结构设计规范》GB 50010 的有关规定取值；

c_s——最外层纵向受拉钢筋外边缘至受拉区底边的距离（当 $c_s<20$ 时，取 $c_s=20$；当 $c_s\geqslant65$ 时，取 $c_s=65$）；

ρ_{te}——按有效受拉混凝土截面面积计算的纵向受拉钢筋配筋率，纵向受拉钢筋配筋率小于 0.01 时取 0.01；

d_{eq}——受拉区纵向钢筋的等效直径；

v_i——受拉区第 i 种纵向钢筋的相对粘结特性系数，对冷轧和热轧带肋钢筋取 $v_i=1.0$；

d_i——受拉区第 i 种纵向钢筋的公称直径；

n_i——受拉区第 i 种纵向钢筋的根数；

A_s——受拉区纵向普通钢筋截面面积；

A_{te}——有效受拉混凝土截面面积，对受弯构件，取 $A_{te}=0.5bh+(b_f-b)h_f$，此处 b_f、h_f 为受拉翼缘的宽度、高度。

4.4.2 成型钢筋混凝土受弯构件的裂缝控制等级及最大裂缝宽度限值 w_{lim} 应根据结构所处的环境类别按表 4.4.2 采用。

表 4.4.2 受弯构件裂缝控制等级及最大裂缝宽度限值(mm)

环境类别	裂缝控制等级	w_{lim}
一	三级	0.30
二、三		0.20

注：对处于液体压力下的钢筋混凝土结构构件，其裂缝控制要求应符合国家现行标准的有关规定。

4.4.3 成型钢筋混凝土受弯构件的挠度可按照结构力学方法计算，且不应超过表 4.4.3 规定的限值。在等截面构件中，可假定各同号弯矩区段内的刚度相等，并取用该区段内最大弯矩处的刚度。当计算跨度内的支座截面刚度不大于跨中截面刚度的 2 倍或不小于跨中截面刚度的 1/2 时，该跨也可按等刚度构件进行计算，其构件刚度可取跨中最大弯矩截面的刚度。

表 4.4.3 受弯构件的挠度限值

构件类型		挠度限值
吊车梁	手动吊车	$l_0/500$
	电动吊车	$l_0/600$
屋盖、楼盖及楼梯构件	当 $l_0<7$ m 时	$l_0/200(l_0/250)$
	当 7 m $\leqslant l_0 \leqslant$ 9 m 时	$l_0/250(l_0/350)$
	当 $l_0>9$ m 时	$l_0/300(l_0/400)$

注：1 表中 l_0 为构件的计算跨度；计算悬臂构件的挠度限值时，其计算跨度 l_0 按实际悬臂长度的 2 倍取用。

2 表中括号内的数值适用于使用上对挠度有较高要求的构件。

3 如果构件制作时预起拱，且使用时也允许，则在验算挠度时，可将计算所得的挠度值减去起拱值。

4 构件制作时的起拱值，不宜超过构件在相应荷载组合作用下的计算挠度值。

5 市政工程中成型钢筋混凝土结构构件的受弯挠度限值应符合相关标准的规定。

4.4.4 成型钢筋混凝土受弯构件按荷载准永久组合并考虑荷载长期作用影响的刚度 B，可按下式计算：

$$B=\frac{B_s}{\theta} \tag{4.4.4}$$

式中：B_s——按荷载准永久组合计算的成型钢筋混凝土受弯构件的短期刚度，按本标准第 4.4.5 条的公式计算；

θ——考虑荷载长期作用对挠度增大的影响系数，按现行国家标准《混凝土结构设计规范》GB 50010 的有关规定采用。

4.4.5 在荷载准永久组合作用下，成型钢筋混凝土受弯构件的短期刚度 B_s 可按下式计算：

$$B_s=\frac{E_s A_s h_0^2}{1.15\phi+0.2+\dfrac{6\alpha_E\rho}{1+3.5\gamma_f'}} \tag{4.4.5}$$

式中：ϕ——裂缝间纵向受拉钢筋应变不均匀系数，按本标准第 4.4.1 条确定；

α_E——钢筋弹性模量和混凝土弹性模量的比值；

ρ——纵向受拉钢筋的配筋率，$\rho=A_s/(bh_0)$；

E_s——钢筋的弹性模量，按现行国家标准《混凝土结构设计规范》GB 50010 的有关规定取值；

γ_f'——受压翼缘截面面积与腹板有效截面面积的比值，按现行国家标准《混凝土结构设计规范》GB 50010 的有关规定取值。

5 构造规定

5.1 一般规定

5.1.1 成型钢筋混凝土结构中采用的成型钢筋应符合下列规定：

1 除本标准规定的情况外，箍筋及拉筋弯折的弯弧内直径应符合现行国家标准《混凝土结构工程施工规范》GB 50666 的有关规定。

2 纵向受力钢筋弯折后的平直段长度应符合设计要求及现行国家标准《混凝土结构设计规范》GB 50010 的有关规定。

3 采用钢筋焊接网时，应符合现行行业标准《钢筋焊接网混凝土结构技术规程》JGJ 114 的规定。

4 采用钢筋锚固板时，应符合现行行业标准《钢筋锚固板应用技术规程》JGJ 256 的规定。

5.1.2 成型钢筋混凝土结构采用的成型钢筋骨架包含钢筋焊接网、弯网成型钢筋骨架、穿箍成型钢筋骨架和绕箍成型钢筋骨架。成型钢筋骨架钢筋下料应满足设计规定。设计无特殊要求时，应符合现行行业标准《混凝土结构成型钢筋应用技术规程》JGJ 366 的有关规定。

5.1.3 焊接网在同一方向上应采用相同直径的钢筋，并应具有相同的间距和长度，定型钢筋焊接网的型号可按现行行业标准《钢筋焊接网混凝土结构技术规程》JGJ 114 的相关规定采用；非定型焊接网的形状、尺寸应根据设计和施工要求，由供需双方协商确定，制作的钢筋焊接网应符合现行国家标准《钢筋混凝土用钢　第 3 部分：钢筋焊接网》GB/T 1499.3 的有关规定。

5.1.4 成型钢筋骨架中箍筋末端弯钩应符合下列规定：

1 对一般结构构件，箍筋弯钩的弯折角度不应小于 90°，弯折后平直段长度不应小于 $5d$；对有抗震设防要求或设计有专门要求的结构构件，箍筋弯钩的弯折角度不应小于 135°，弯折后平直段长度不应小于 $10d$。

2 对抗震等级为三、四级的结构构件，当可忽略扭矩对构件的影响时，箍筋末端可采用不小于 90°的弯钩，且宜沿纵向受力钢筋方向交错设置，弯钩平直段长度不应小于 $12d$。

3 对需要考虑扭矩作用的结构构件，箍筋末端采用 90°弯钩时，应在箍筋弯钩搭接处焊接，焊接长度应符合现行行业标准《钢筋焊接及验收规程》JGJ 18 的有关规定。

5.1.5 采用弯网成型钢筋骨架时，钢筋不应热加工，且弯折应一次完成。弯网搭接箍筋末端弯钩与平直段长度应符合本标准第 5.1.4 条的规定。

5.1.6 采用穿箍成型钢筋骨架时，宜优先采用焊接封闭箍筋，相邻箍筋的焊接点或弯钩应交错布置，弯折封闭箍筋末端弯钩与平直段长度应符合本标准第 5.1.4 条的规定。

5.1.7 采用绕箍成型钢筋骨架时，箍筋首、末端应有平直段，平直绕箍长度不小于 1 圈半。

5.1.8 成型钢筋混凝土结构中钢筋的混凝土保护层厚度应符合现行国家标准《混凝土结构设计规范》GB 50010 的有关规定。

5.1.9 成型钢筋混凝土结构构件的构造要求除应符合本标准的规定外，尚应符合现行国家标准《混凝土结构设计规范》GB 50010、《建筑抗震设计规范》GB 50011、《建筑与市政工程抗震通用规范》GB 55002、《装配式混凝土建筑技术标准》GB/T 51231 及其他标准的有关规定。

5.2 钢筋的锚固

5.2.1 当计算中充分利用钢筋的抗拉强度时，受拉钢筋的锚固应符合下列要求：

1 普通钢筋基本锚固长度应按下式计算：

$$l_{ab}=\alpha \frac{f_y}{f_t}d \qquad (5.2.1\text{-}1)$$

式中：l_{ab}——受拉钢筋的基本锚固长度；

f_y——普通钢筋的抗拉强度设计值；

f_t——混凝土轴心抗拉强度设计值，当混凝土强度等级高于C60时，按C60取值；

d——锚固钢筋的直径；

α——锚固钢筋的外形系数，按表5.2.1取用。

表5.2.1 锚固钢筋的外形系数α

钢筋类型	光圆钢筋	带肋钢筋	螺旋肋钢丝
α	0.16	0.14	0.13

注：光圆钢筋末端应做180°弯钩，弯后平直段长度不应小于$3d$，作受压钢筋时可不做弯钩。

2 受拉钢筋的锚固长度应根据锚固条件按下式计算，且不应小于200 mm：

$$l_a=\xi_a l_{ab} \qquad (5.2.1\text{-}2)$$

式中：l_a——受拉钢筋的锚固长度；

ζ_a——锚固长度修正系数，对普通钢筋按本标准第5.2.2条的规定取用，当多于1项时，可按连乘计算，但不应小于0.6。

梁柱节点中纵向受拉钢筋的锚固要求应符合现行国家标准《混凝土结构设计规范》GB 50010的有关规定。

3 当锚固钢筋的保护层厚度不大于$5d$时，锚固长度范围内应配置横向构造钢筋，其直径不应小于$d/4$；对梁、柱、斜撑等构件间距不应大于$5d$，对板、墙等平面构件间距不应大于$10d$，且均不应大于 100 mm(d 为锚固钢筋的直径)。

5.2.2 纵向受拉普通钢筋的锚固长度修正系数 ζ_a 应按下列规定取用:

1 当带肋钢筋的公称直径大于 25 mm 时,取 1.10。

2 施工过程中易受扰动的钢筋取 1.10。

3 当纵向受力钢筋的实际配筋面积大于其设计计算面积时,修正系数取设计计算面积与实际配筋面积的比值,但对有抗震设防要求及直接承受动力荷载的结构构件,不应考虑此项修正。

4 锚固钢筋的保护层厚度为 $3d$ 时修正系数可取 0.80,保护层厚度不小于 $5d$ 时修正系数可取 0.70,中间按内插取值(d 为锚固钢筋的直径)。

5.2.3 当纵向受拉普通钢筋末端采用弯钩或机械锚固措施时,包括弯钩或锚固端头在内的锚固长度(投影长度)可取为基本锚固长度 l_{ab} 的 60%。弯钩和机械锚固的形式(图 5.2.3)和技术要求应符合表 5.2.3 的规定。

表 5.2.3 钢筋弯钩和机械锚固的形式和技术要求

锚固形式	技术要求
90°弯钩	末端 90°弯钩,弯钩内径 $4d$,弯后直段长度 $12d$
135°弯钩	末端 135°弯钩,弯钩内径 $4d$,弯后直段长度 $5d$
一侧贴焊锚筋	末端一侧贴焊长 $5d$ 同直径钢筋
两侧贴焊锚筋	末端两侧贴焊长 $3d$ 同直径钢筋
穿孔塞焊锚板	末端与厚度 d 的锚板穿孔塞焊
螺栓锚头	末端旋入螺栓锚头

注:1 焊缝和螺纹长度应满足承载力要求。
2 螺栓锚头和焊接锚板的承压净面积不应小于锚固钢筋截面积的 4 倍。
3 螺栓锚头的规格应符合相关标准的要求。
4 螺栓锚头和焊接锚板的钢筋净间距不宜小于 $4d$,否则应考虑群锚效应的不利影响。
5 截面角部的弯钩和一侧贴焊锚筋的布筋方向宜向截面内侧偏置。

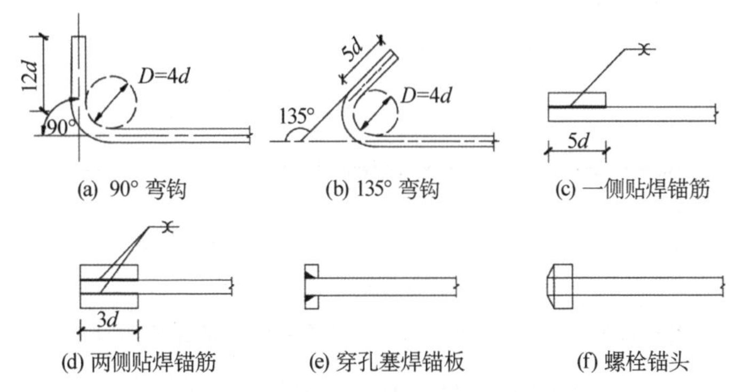

(a) 90° 弯钩　(b) 135° 弯钩　(c) 一侧贴焊锚筋

(d) 两侧贴焊锚筋　(e) 穿孔塞焊锚板　(f) 螺栓锚头

图 5.2.3　弯钩和机械锚固的形式和技术要求

5.2.4　混凝土结构中的纵向受压钢筋，当计算中充分利用其抗压强度时，锚固长度不应小于相应受拉锚固长度的 70%。受压钢筋不应采用末端弯钩和一侧贴焊锚筋的锚固方式。受压钢筋锚固长度范围内的横向构造钢筋应符合本标准第 5.2.1 条的有关规定。

5.2.5　带肋钢筋焊接网纵向受拉钢筋的锚固长度应符合表 5.2.5 的规定，并应符合下列规定：

表 5.2.5　带肋钢筋焊接网纵向受拉钢筋的锚固长度 l_a(mm)

钢筋焊接网类型		混凝土等级				
		C20	C25	C30	C35	≥C40
CRB550、CRB600H、HRB400、HRBF400、钢筋焊接网	锚固长度内无横筋	45*d*	40*d*	35*d*	32*d*	30*d*
	锚固长度内有横筋	32*d*	28*d*	25*d*	22*d*	21*d*
HRB500、HRBF500、钢筋焊接网	锚固长度内无横筋	55*d*	48*d*	43*d*	39*d*	36*d*
	锚固长度内有横筋	39*d*	34*d*	30*d*	27*d*	25*d*

注：*d* 为纵向受力钢筋直径(mm)。

1　当锚固长度内有横向钢筋时，锚固长度范围内的横向钢筋不应少于 1 根，且此横向钢筋至计算截面的距离不应小于

50 mm(图 5.2.5)。

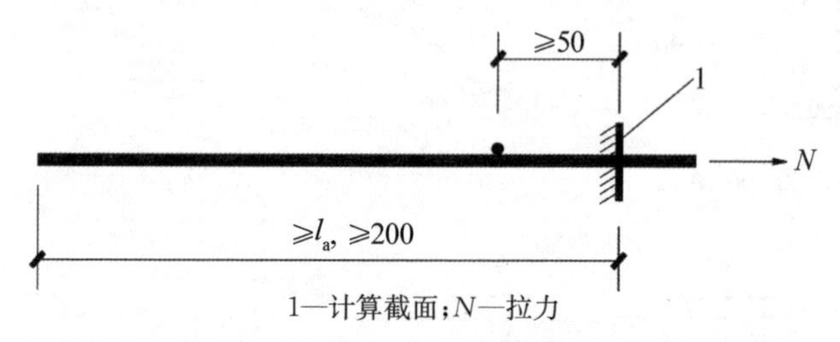

1—计算截面;N—拉力

图 5.2.5　带肋钢筋焊接网纵向受拉钢筋的锚固(单位:mm)

2　当焊接网中的纵向钢筋为并筋时,锚固长度应按单根等效钢筋进行计算,等效钢筋的直径按截面面积相等的原则换算确定,两根等直径并筋的锚固长度应按表 5.2.5 中数值乘以系数 1.4 后取用。

3　当锚固区内无横筋,焊接网中的纵向钢筋净距不小于 $5d$ 且纵向钢筋保护层厚度不小于 $3d$ 时,表 5.2.5 中钢筋的锚固长度可乘以 0.8 的修正系数,但不应小于 200 mm。

4　在任何情况下,带肋钢筋焊接网纵向受拉钢筋的锚固长度不应小于 200 mm。

5.2.6　钢筋焊接网的受拉钢筋,当采用附加绑扎带肋钢筋锚固时,其锚固长度应符合本标准第 5.2.5 条中关于锚固长度内无横筋的有关规定。

5.2.7　有抗震设防要求的成型钢筋混凝土结构构件,其纵向受力钢筋的锚固长度除应符合本标准的规定外,尚应符合现行国家标准《建筑抗震设计规范》GB 50011 和《混凝土结构设计规范》GB 50010 的有关规定。

5.3　钢筋的连接

5.3.1　成型钢筋中纵向钢筋连接可采用机械连接、套筒灌浆连接、焊接或绑扎搭接连接等。成型钢筋混凝土结构中受力钢筋的连接接头宜设置在受力较小处。在同一根受力钢筋上不宜设置2个或2个以上接头。

5.3.2 成型钢筋采用机械连接时，钢筋机械连接的连接区段长度应按 35d 计算，当直径不同的钢筋连接时，按直径较小的钢筋计算。位于同一连接区段内的钢筋机械连接就接头的百分率应符合下列规定：

1 接头宜设置在结构构件受拉钢筋应力较小部位，高应力部位设置接头时，同一连接区段内Ⅲ级接头的接头百分率不应大于25%，Ⅱ级接头的接头百分率不应大于50%。Ⅰ级接头的接头百分率除本条第2款和第3款所列情况外可不受限制。

2 接头宜避开有抗震设防要求的框架的梁端、柱端箍筋加密区。当无法避开时，可采用Ⅰ级或Ⅱ级接头；当采用Ⅱ级接头时，接头百分率不应大于50%。

3 对直接承受重复荷载的结构构件，接头百分率不应大于50%。

4 受拉钢筋应力较小部位或纵向受压钢筋，接头百分率可不受限制。

5.3.3 成型钢筋采用细晶粒热轧带肋钢筋以及直径大于28 mm的带肋钢筋时，其焊接应经试验确定；余热处理钢筋不宜焊接。

5.3.4 纵向受力钢筋的焊接接头应相互错开。钢筋焊接接头连接区段的长度为 35d 且不小于 500 mm，d 为连接钢筋的较小直径，凡接头中点位于该连接区段长度内的焊接接头均属于同一连接区段。纵向受拉钢筋的焊接接头面积百分率不宜大于50%，但对预制构件的拼接处，可根据实际情况放宽。纵向受压钢筋的焊接接头百分率可不受限制。

5.3.5 轴心受拉及小偏心受拉成型钢筋混凝土结构构件的纵向受力钢筋不得采用绑扎搭接；其他构件中的钢筋采用绑扎搭接时，受拉钢筋直径不宜大于 25 mm，受压钢筋直径不宜大于28 mm。

5.3.6 成型钢筋中纵向受力钢筋的连接除符合本标准外，尚应符合现行国家标准《混凝土结构设计规范》GB 50010、《装配式混凝土建筑技术规程》GB/T 51231、现行行业标准《钢筋焊接及验收规程》JGJ 18、《钢筋机械连接技术规程》JGJ 107、《装配式混凝土结构技术规程》JGJ 1 和《钢筋套筒灌浆连接应用技术规程》JGJ 355 的有关规定。

5.3.7 需进行疲劳验算的成型钢筋混凝土结构构件，其纵向受拉钢筋不得采用绑扎搭接接头，也不宜采用焊接接头，除端部锚固外不得在钢筋上焊有附件。当直接承受吊车荷载的钢筋混凝土吊车梁、屋面梁及屋架下弦的纵向受拉钢筋采用焊接接头时，应符合下列规定：

1 同一连接区段内纵向受拉钢筋焊接接头面积百分率不应大于 25%，焊接接头连接区段的长度应取为 45d（d 为纵向受力钢筋的较大直径）。

2 疲劳验算时，焊接接头应符合国家标准《混凝土结构设计规范》GB 50010—2010 第 4.2.6 条疲劳应力幅限值的规定。

5.3.8 带肋钢筋焊接网在非受力方向的分布钢筋的搭接，当采用叠搭法[图 5.3.8(a)]或扣搭法[图 5.3.8(b)]时，在搭接范围内每张焊接网至少应有 1 根受力主筋，搭接长度不应小于 20d（d 为分布钢筋直径），且不应小于 150 mm；当采用平搭法[图 5.3.8(c)]时，一张焊接网在搭接区内无受力主筋时，其搭接长度不应小于 20d，且不应小于 200 mm。当搭接区内分布钢筋的直径 d 大于 8 mm 时，其搭接长度应按本条的规定值增加 5d 取用。

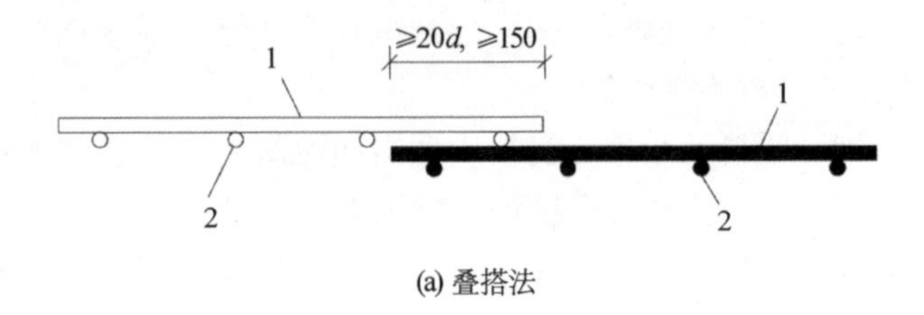

(a) 叠搭法

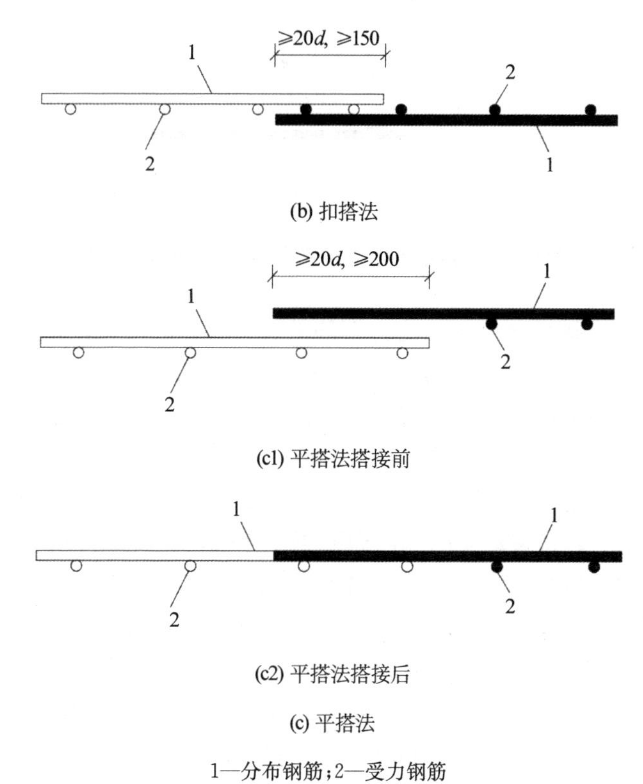

(b) 扣搭法

(c1) 平搭法搭接前

(c2) 平搭法搭接后

(c) 平搭法

1—分布钢筋；2—受力钢筋

图 5.3.8 钢筋焊接网在非受力方向的搭接(单位：mm)

5.3.9 带肋钢筋焊接网在受拉方向的搭接应符合下列规定：

1 采用叠搭法或扣搭法时，两张焊接网钢筋的搭接长度不应小于本标准第 5.2.5 条中关于锚固区内有横筋时规定的锚固长度 l_a 的 1.3 倍，且不应小于 200 mm（图 5.3.9）；在搭接区内每张焊接网的横向钢筋不得少于 1 根，且两张焊接网最外一根横向钢筋之间的距离不应小于 50 mm。

2 采用平搭法时，两张焊接网钢筋的搭接长度不应小于本标准第 5.2.5 条中关于锚固区内无横筋时规定的锚固长度 l_a 的 1.3 倍，且不应小于 300 mm。

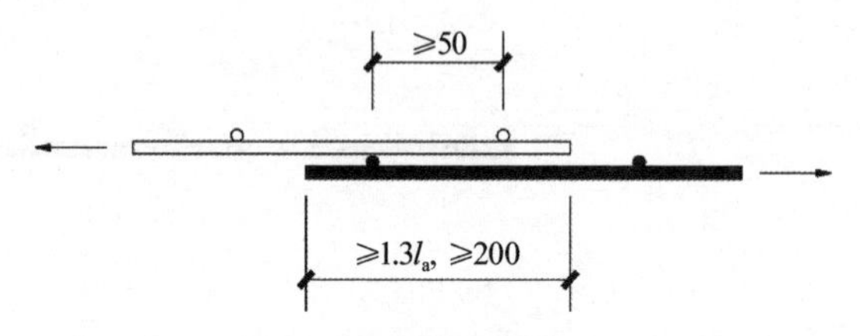

图 5.3.9 带肋钢筋焊接网搭接接头(单位:mm)

3 当搭接区内纵向受力钢筋的直径 d 不小于 12 mm 时,其搭接长度应按本条第 1 款、第 2 款的计算值增加 $5d$ 采用。

5.3.10 钢筋焊接网在受压方向的搭接长度,应取受拉钢筋搭接长度的 0.7 倍,且不应小于 150 mm。

5.3.11 钢筋焊接网局部范围的受力钢筋也可采用附加钢筋在现场绑扎搭接,搭接钢筋的截面面积可按等强度设计原则换算求得。其搭接长度及构造要求应符合本标准第 5.3.9 条和第 5.3.10 条的有关规定。

5.3.12 带肋钢筋焊接网混凝土结构构件纵向受力钢筋的抗震搭接长度除应符合本标准第 5.3.9 条的有关规定外,当采用搭接接头时,纵向受拉钢筋的抗震搭接长度 l_{lE} 应取 1.3 倍 l_{aE}。当搭接区内纵向受力钢筋的直径 d 不小于 12 mm 时,其搭接长度应按本条的规定值增加 $5d$ 采用。

5.3.13 有抗震设防要求的成型钢筋混凝土结构构件,除本标准已规定的情况外,其纵向受力钢筋的连接尚应符合现行国家标准《混凝土结构设计规范》GB 50010 的有关规定。

5.4 板

5.4.1 成型钢筋混凝土板中受力钢筋的间距,当板厚不大于 150 mm 时,不宜大于 200 mm;当板厚大于 150 mm 时,不宜大于板厚的 1.5 倍,且不宜大于 250 mm。

5.4.2 板的钢筋焊接网宜按板的梁系区格布置，焊接网最外侧钢筋距梁边的距离不应大于该方向钢筋间距的 1/2，且不宜大于 100 mm。单向板底部焊接网的受力主筋不宜搭接连接。

5.4.3 采用分离式配筋的多跨成型钢筋混凝土板，板底钢筋宜全部伸入支座；支座负弯矩钢筋向跨内延伸的长度应根据负弯矩图确定，并满足钢筋锚固的要求。

5.4.4 当按单向板设计时，应在垂直于受力的方向布置分布钢筋，单位宽度上的配筋不宜小于单位宽度上的受力钢筋的 15%，且配筋率不宜小于 0.15%；分布钢筋直径不宜小于 6 mm，间距不宜大于 250 mm；当集中荷载较大时，分布钢筋的配筋面积尚应增加，且间距不宜大于 200 mm。

5.4.5 当端跨板与混凝土梁连接处按构造要求设置上部钢筋焊接网时，其钢筋伸入梁内的长度不应小于 $25d$；当梁宽小于 $25d$ 时，应将上部钢筋伸至梁的箍筋内再弯折(图 5.4.5)。

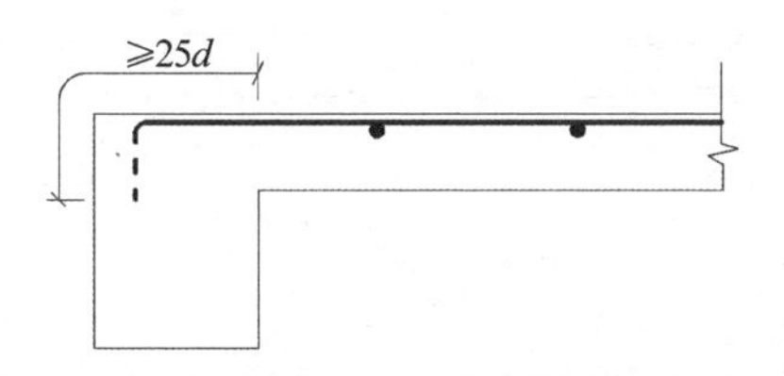

图 5.4.5　板上部钢筋焊接网与边跨混凝土梁的连接

5.4.6 成型钢筋混凝土双向板底部焊接网的搭接及锚固宜符合下列规定：

1 底部焊接网短跨方向的受力钢筋不宜在跨中搭接，在端部宜直接伸入支座锚固，也可采用与伸入支座的附加焊接网或绑扎钢筋搭接[图 5.4.6(a)、(b)、(c)]。

2 底部焊接网长跨方向的钢筋宜伸入支座锚固，也可采用与伸入支座的附加焊接网或绑扎钢筋搭接[图 5.4.6(a)、(d)]。

3 附加焊接网或绑扎钢筋伸入支座的钢筋截面面积分别不

应小于短跨、长跨方向跨中受力钢筋的截面面积。

4 附加焊接网或绑扎钢筋伸入支座的锚固长度应符合本标准第 5.2.5 条的规定。搭接长度应符合本标准第 5.3.9 条的规定。

5 双向板底部焊接网的搭接位置与上部焊接网的搭接位置宜错开 30％搭接长度。

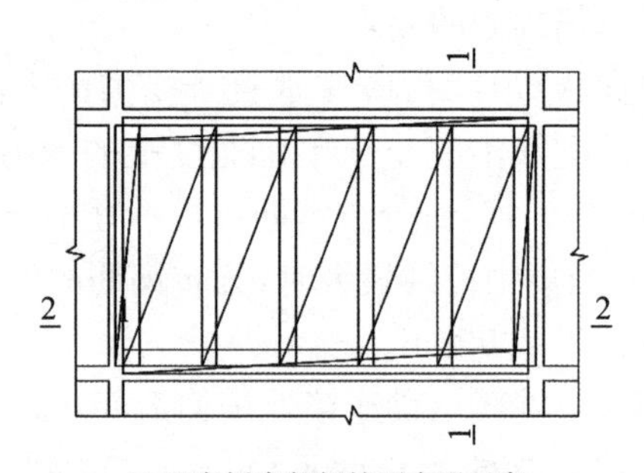

(a) 双向板底部焊接网布置示意

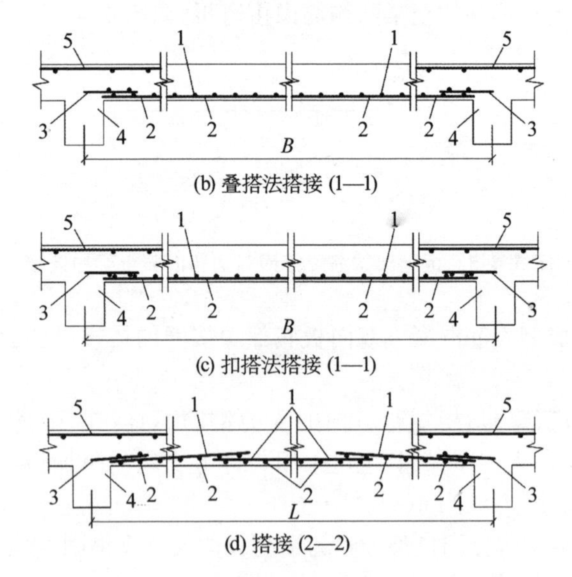

(b) 叠搭法搭接 (1—1)

(c) 扣搭法搭接 (1—1)

(d) 搭接 (2—2)

1—长跨方向钢筋；2—短跨方向钢筋；3—伸入支座的附加钢筋；
4—支承梁；5—支座上部钢筋

图 5.4.6 双向板底部钢筋焊接网的搭接

5.4.7 双向板的底部焊接网及满铺上部焊接网可采用单向焊接网的布网方式。当双向板的纵向钢筋和横向钢筋分别与构造钢筋焊成纵向单向网和横向单向网时，应按受力钢筋的位置和方向分层设置，底部焊接网应分别伸入相应的梁中[图 5.4.7(a)]；上部焊接网应按受力钢筋的位置和方向分层布置[图 5.4.7(b)]。

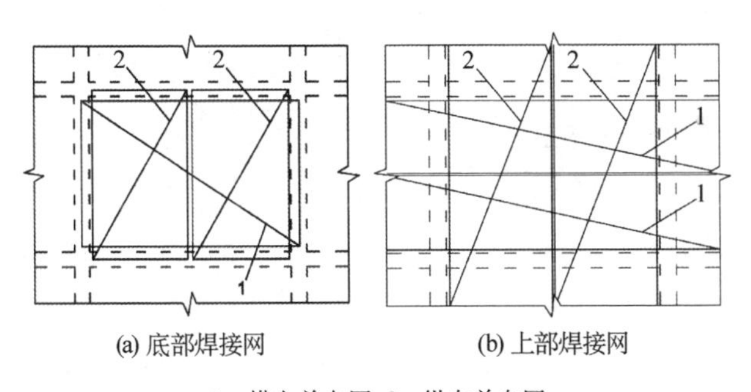

1—横向单向网；2—纵向单向网

图 5.4.7 双向板底部焊接网、上部焊接网的双层布置

5.4.8 当梁两侧板的上部焊接网配筋不同时，宜按较大配筋布置设计上部焊接网；也可采用梁两侧的上部焊接网分别布置(图 5.4.8)，其锚固长度应符合本标准第 5.2.5 条的规定。

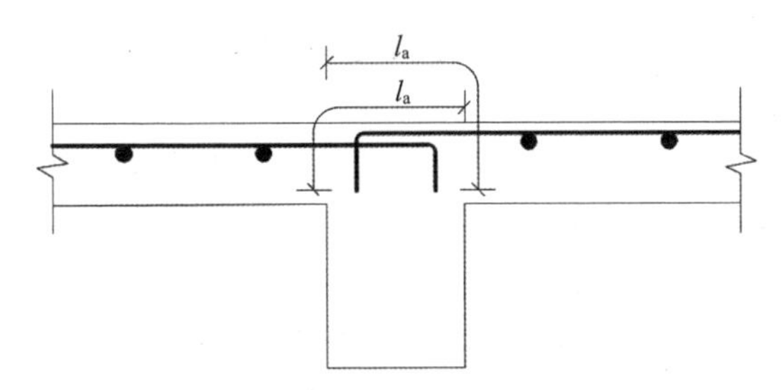

图 5.4.8 梁两侧的上部焊接网布置

5.4.9 楼板上部焊接网与柱的连接可采用整张焊接网套在柱上[图 5.4.9(a)]，再与其他焊接网搭接；也可将上部焊接网在两个方向铺至柱边，其余部分按等强度设计原则用附加钢筋补足[图 5.4.9(b)]；也可单向网直接插入柱内。楼板上部焊接网与钢柱的连接亦可采用附加钢筋连接方式，钢筋的锚固长度应符合本标准第 5.2.5 条的规定。

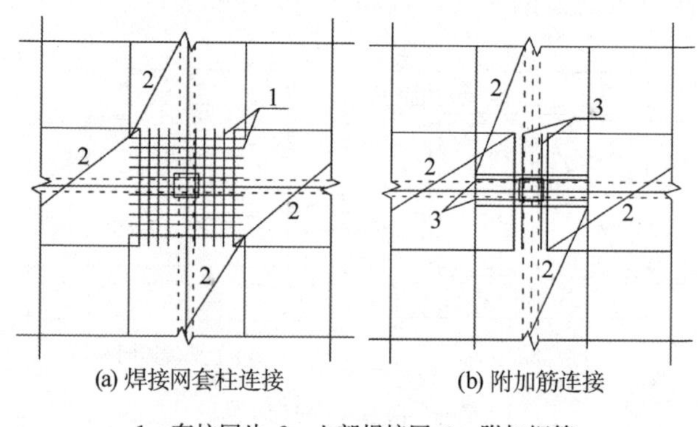

1—套柱网片；2—上部焊接网；3—附加钢筋

图 5.4.9　楼板焊接网与柱的连接

5.4.10　楼板底部焊接网与柱的连接应符合本标准第 5.3.10 条的有关规定。

5.5　梁

5.5.1　成型钢筋混凝土梁的纵向受力钢筋应符合下列规定：

1　伸入梁支座范围内的钢筋不应少于 2 根。

2　梁端纵向受拉钢筋的配筋率不宜大于 2.5%。

3　沿梁全长顶面和底面至少应各配置 2 根通长的纵向钢筋。对一、二级抗震等级，钢筋直径不应小于 14 mm，且分别不应小于梁两端顶面和底面纵向受力钢筋中较大截面面积的 1/4；对三、四级抗震等级，钢筋直径不应小于 12 mm。

4　梁上部钢筋水平方向的净间距不应小于 30 mm 和 1.5d；梁下部钢筋水平方向的净间距不应小于 25 mm 和 d。当下部钢筋多于2层时,2层以上钢筋水平方向的中距应比下面2层的中距增大1倍;各层钢筋之间的净间距不应小于25 mm和d(d为钢筋的最大直径)。

5.5.2 非抗震的成型钢筋混凝土简支梁和连续梁简支端的下部纵向受力钢筋,从支座边缘算起伸入支座内的锚固长度应符合下列规定:

1 当V不大于$0.7f_tbh_0$时,不小于$5d$;当V大于$0.7f_tbh_0$时,对带肋钢筋不小于$12d$,对光圆钢筋不小于$15d$(d为钢筋的最大直径)。

2 如纵向受力钢筋伸入梁支座范围内的锚固长度不符合本条第1款要求时,可采取弯钩或机械锚固措施,并应满足本标准第5.2.3条的规定。

注:混凝土强度等级为C25及以下的简支梁和连续梁的简支端,当距支座边$1.5h$范围内作用有集中荷载,且V大于$0.7f_tbh_0$时,对带肋钢筋宜采取有效的锚固措施,或取锚固长度不小于$15d$(d为锚固钢筋的直径)。

5.5.3 非抗震的成型钢筋混凝土梁支座截面负弯矩纵向受拉钢筋不宜在受拉区截断。当需要截断时,应符合下列规定:

1 当V不大于$0.7f_tbh_0$时,应延伸至按正截面受弯承载力计算不需要该钢筋的截面以外不小于$20d$处截断,且从该钢筋强度充分利用截面伸出的长度不应小于$1.2l_a$。

2 当V大于$0.7f_tbh_0$时,应延伸至按正截面受弯承载力计算不需要该钢筋的截面以外不小于h_0且不小于$20d$处截断,且从该钢筋强度充分利用截面伸出的长度不应小于$1.2l_a$与h_0之和。

3 若按本条第1款、第2款确定的截断点仍位于负弯矩对应的受拉区内,则应延伸至按正截面受弯承载力计算不需要该钢筋的截面以外不小于$1.3h_0$且不小于$20d$处截断,且从该钢筋强度充分利用截面伸出的长度不应小于$1.2l_a$与$1.7h_0$之和。

5.5.4 在成型钢筋混凝土悬臂梁中，应有不少于2根上部钢筋伸至悬臂梁外端，并向下弯折不小于$12d$；其余钢筋的弯折与锚固应符合现行国家标准《混凝土结构设计规范》GB 50010的有关规定。

5.5.5 非抗震的成型钢筋混凝土梁的上部纵向构造钢筋应符合下列要求：

1 当梁端按简支计算但实际受到部分约束时，应在支座区上部设置纵向构造钢筋。其截面面积不应小于梁跨中下部纵向受力钢筋计算所需截面面积的1/4，且不应少于2根。该纵向构造钢筋自支座边缘向跨内伸出的长度不应小于$l_0/5$，l_0为梁的计算跨度。

2 对架立钢筋，当梁的跨度小于4 m时，直径不宜小于8 mm；当梁的跨度为4 m～6 m时，直径不应小于10 mm；当梁的跨度大于6 m时，直径不宜小于12 mm。

5.5.6 成型钢筋混凝土梁中箍筋的配置应符合现行国家标准《混凝土结构设计规范》GB 50010的有关规定。

5.5.7 成型钢筋混凝土梁采用弯网成型钢筋骨架、穿箍成型钢筋骨架、绕箍成型钢筋骨架时应符合本标准第5.1.5条～第5.1.7条的有关规定。

5.5.8 成型钢筋混凝土梁纵向钢筋的连接区域应箍筋加密，加密区箍筋间距不宜大于75 mm。抗震等级为一、二级时，加密区箍筋直径不应小于10 mm；抗震等级为三、四级时，加密区箍筋直径不应小于8 mm。

5.6 柱

5.6.1 成型钢筋混凝土柱的纵向钢筋的配置应符合下列规定：

1 纵向受力钢筋直径不宜小于12 mm；全部纵向钢筋的配筋率不宜大于5%。

2 柱中纵向钢筋的净间距不应小于50 mm，且不宜大于

300 mm。

3 偏心受压柱的截面高度不小于 600 mm 时，在柱的侧面上应设置直径不小于 10 mm 的纵向构造钢筋，并相应设置复合箍筋或拉筋。

4 圆柱中纵向钢筋不宜少于 8 根，不应少于 6 根，且宜沿周边均匀布置。

5 在偏心受压柱中，垂直于弯矩作用平面的侧面上的纵向受力钢筋以及轴心受压柱中各边的纵向受力钢筋，其中距不宜大于 300 mm。

5.6.2 成型钢筋混凝土柱的箍筋应符合下列规定：

1 箍筋直径不应小于 $d/4$，且不应小于 6 mm（d 为纵向钢筋的最大直径）。

2 箍筋间距不应大于 400 mm 及构件截面的短边尺寸，且不应大于 $15d$（d 为纵向钢筋的最小直径）。

3 当柱截面短边尺寸大于 400 mm 且各边纵向钢筋多于 3 根，或当柱截面短边尺寸不大于 400 mm 但各边纵向钢筋多于 4 根时，应设置复合箍筋。

4 全部纵向受力钢筋的配筋率大于 3%时，箍筋直径不应小于 8 mm，间距不应大于 $10d$，且不应大于 200 mm（d 为纵向受力钢筋的最小直径）。

5.6.3 成型钢筋混凝土柱采用弯网成型钢筋骨架、穿箍成型钢筋骨架、绕箍成型钢筋骨架时，应符合本标准第 5.1.5 条～第 5.1.7 条的有关规定。

5.6.4 高层、超高层建筑结构中轴压力较高、截面尺寸较大、主筋布置较多的框架柱可采用矩形-八角形、矩形-菱形组合螺旋箍筋。

5.6.5 成型钢筋混凝土柱纵向钢筋的连接区域（图 5.6.5）应箍筋加密，加密区长度不应小于纵向受力钢筋连接区域长度与 500 mm 之和，加密区箍筋间距不宜大于 75 mm；当采用机械套筒连接时，应采用Ⅰ级接头，套筒上端第一道箍筋距套筒顶部不应大于 20 mm；当采用套筒灌浆连接时，上端第一根箍筋距离套筒端部不应大于 50 mm。抗震等级为一、二级时，加密区箍筋直径不应小于 10 mm；抗震等级为三、四级时，加密区箍筋直径不应小于 8 mm。

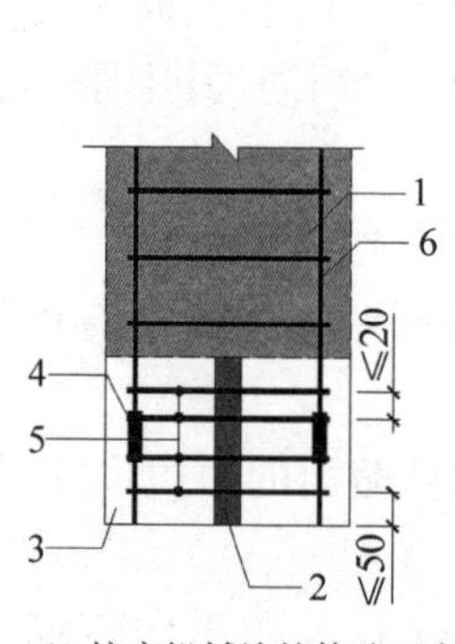

(a) 柱底机械连接构造示意

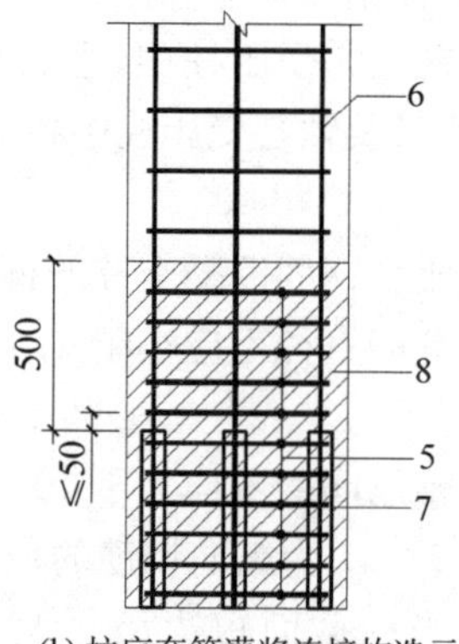

(b) 柱底套筒灌浆连接构造示意

1—预制柱；2—支腿；3—柱底后浇段；4—机械套筒；5—箍筋；6—柱钢筋焊接骨架；7—灌浆套筒；8—箍筋加密区

图 5.6.5 成型钢筋混凝土柱纵向钢筋连接区域构造(单位:mm)

5.7 梁柱节点

5.7.1 成型钢筋混凝土梁纵向钢筋在框架中间层端节点的锚固应符合下列要求：

1 梁上部纵向钢筋伸入节点的锚固：

1) 当采用直线锚固形式时，锚固长度不应小于 l_{aE}，且应伸过柱中心线，伸过的长度不宜小于 $5d$（d 为梁上部纵向钢筋的直径）。

2) 当柱截面尺寸不满足直线锚固要求时，梁上部纵向钢筋可采用锚固板锚固。梁上部纵向钢筋宜伸至柱外侧纵向钢筋内边，包括机械锚头在内的水平投影锚固长度不应小于 $0.4l_{abE}$[图 5.7.1(a)]。

3）梁上部纵向钢筋也可采用 90°弯折锚固的方式，此时梁上部纵向钢筋应伸至柱外侧纵向钢筋内边并向节点内弯折，其包含弯弧在内的水平投影长度不应小于 $0.4l_{abE}$，弯折钢筋在弯折平面内包含弯弧段的投影长度不应小于 $15d$[图 5.7.1(b)]。

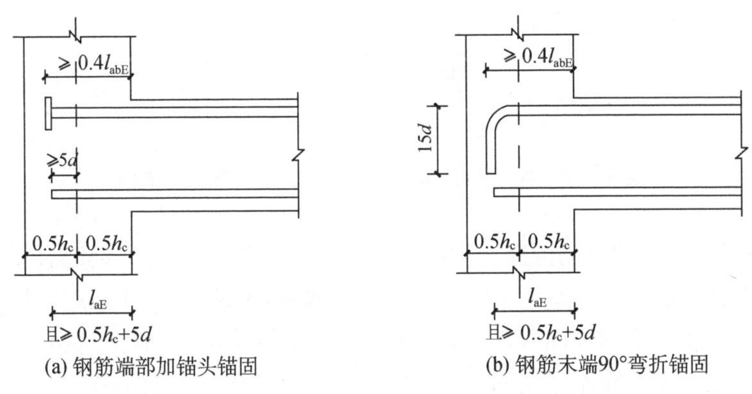

图 5.7.1 梁上部纵向钢筋在中间层端节点内的锚固

2 框架梁下部纵向钢筋伸入端节点的锚固：

1）当计算中充分利用该钢筋的抗拉强度时，钢筋的锚固方式及长度应与上部钢筋的规定相同。

2）当计算中不利用该钢筋的强度或仅利用该钢筋的抗压强度时，伸入节点的锚固长度应符合现行国家标准《混凝土结构设计规范》GB 50010 的有关规定。

5.7.2 成型钢筋混凝土框架中间层中间节点，梁的上部纵向钢筋应贯穿节点，梁的下部纵向钢筋宜贯穿节点。当必须锚固时，宜采用锚固板锚固。锚固板宜伸至柱对侧钢筋内边，锚固长度不应小于 $0.4l_{abE}$(图 5.7.2)。

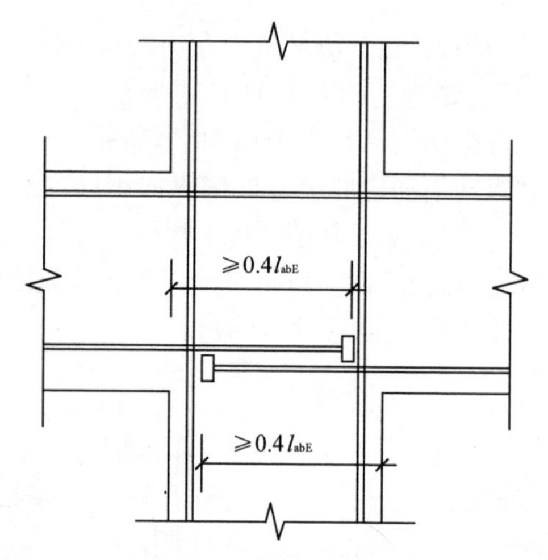

图 5.7.2　梁下部纵向钢筋在中间层中间节点的锚固

5.7.3　成型钢筋混凝土框架顶层中间节点柱纵向受力钢筋宜采用直线锚固；当梁截面尺寸不满足直线锚固要求时，宜采用锚固板锚固。采用锚固板时，锚固板宜伸至梁上部纵向钢筋内边，且锚固长度不应小于 $0.5l_{abE}$（图 5.7.3）。梁的下部纵向钢筋在节点中采用锚固板时，锚固板宜伸至柱对侧纵向钢筋内边，且锚固长度不应小于 $0.4l_{abE}$。

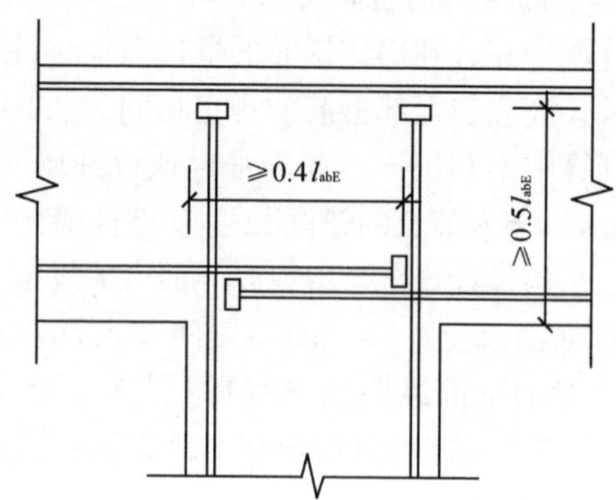

图 5.7.3　柱纵向钢筋在顶层中间节点的锚固

5.7.4 对成型钢筋混凝土框架顶层端节点，梁下部纵向受力钢筋应锚固在节点区内，且宜采用锚固板的锚固方式；梁、柱其他纵向受力钢筋的锚固应符合下列规定：

1 柱宜伸出屋面并将柱纵向受力钢筋锚固在伸出段内，柱纵向受力钢筋宜采用锚固板的锚固方式，此时锚固长度不应小于 $0.6l_{abE}$。伸出段内箍筋直径不应小于 $d/4$（d 为柱纵向受力钢筋的最大直径），伸出段内箍筋间距不应大于 $5d$（d 为柱纵向受力钢筋的最小直径）且不应大于 100 mm；梁纵向受力钢筋应锚固在后浇节点区内，且宜采用锚固板的锚固方式，此时锚固长度不应小于 $0.6l_{abE}$。

2 柱外侧纵向受力钢筋也可与梁上部纵向受力钢筋在节点区搭接，其构造要求应符合现行国家标准《混凝土结构设计规范》GB 50010 的有关规定；柱内侧纵向受力钢筋宜采用锚固板锚固。

5.7.5 在成型钢筋混凝土框架结构的节点内应设置水平箍筋，箍筋应符合本标准第 5.6.2 条柱中箍筋的构造规定，但间距不宜大于 250 mm。对四边均有梁的中间节点，节点内可只设置沿周边的矩形箍筋。当顶层端节点内有梁上部纵向钢筋和柱外侧纵向钢筋的搭接接头时，节点内水平箍筋应符合现行国家标准《混凝土结构设计规范》GB 50010 的有关规定。

5.7.6 采用预制柱、叠合梁的装配式成型钢筋混凝土框架节点，在梁、柱箍筋加密区的钢筋机械连接接头，应采用Ⅰ级接头。梁钢筋可在柱一侧连接（图 5.7.6-1），也可在柱两侧连接（图 5.7.6-2），两种连接形式可在节点配合使用。抗震等级为一级时，上部连接接头至柱边距离不小于 $2.0h_b$（h_b 为叠合梁截面高度）和 500 mm 的较大值；抗震等级为二、三、四级时，上部连接接头至柱边距离不小于 $1.5h_b$ 和 500 mm 的较大值，下部连接接头距柱边不小于 $0.5h_b$ 且不小于 300 mm。

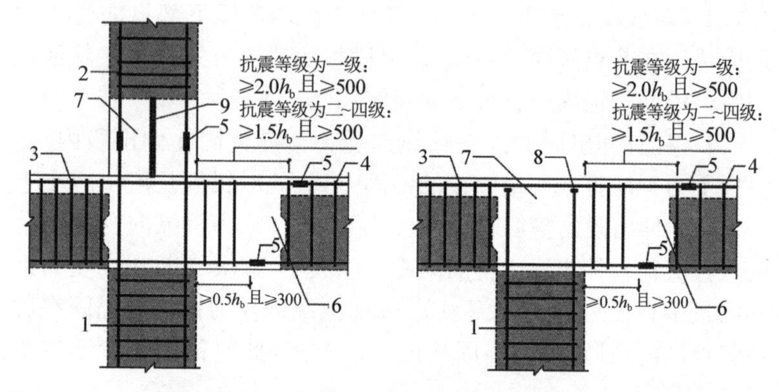

图 5.7.6-1　成型钢筋框架节点机械连接(钢筋在梁端一侧连接)(单位:mm)

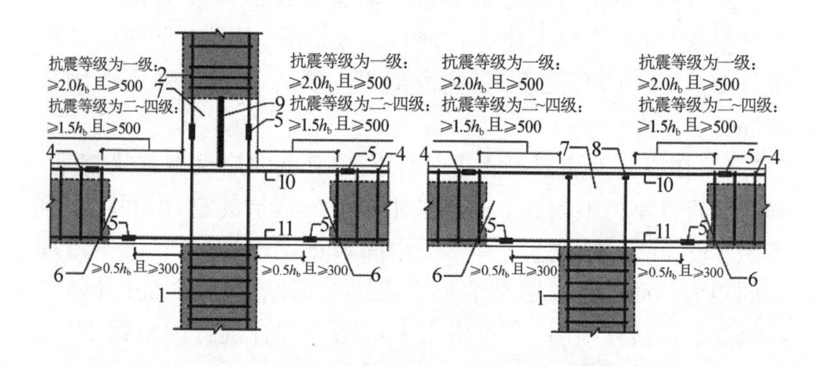

1—下柱钢筋焊接骨架；2—上柱钢筋焊接骨架；3—梁焊接骨架(跨越节点)；
4—梁焊接骨架；5—机械套筒；6—梁钢筋连接区；7—柱连接区域；8—锚固板；
9—支腿；10—梁顶现场连接钢筋；11—梁底现场连接钢筋

图 5.7.6-2　成型钢筋框架节点机械连接(钢筋在梁端两侧连接)(单位:mm)

5.7.7　采用预制柱及叠合梁的装配式成型钢筋混凝土框架节点，梁下部纵向受力钢筋在后浇节点核心区内可采用机械连接或焊接的方式连接(图 5.7.7)。采用机械连接时，应采用Ⅰ级接头；梁的上部纵向受力钢筋应贯穿后浇节点核心区。

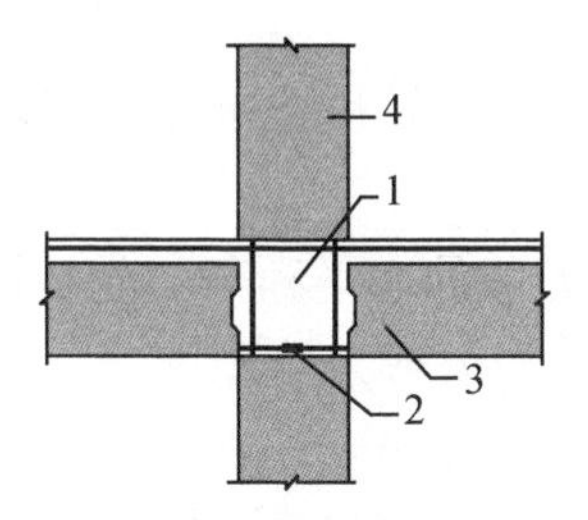

(a) 框架中间层中节点

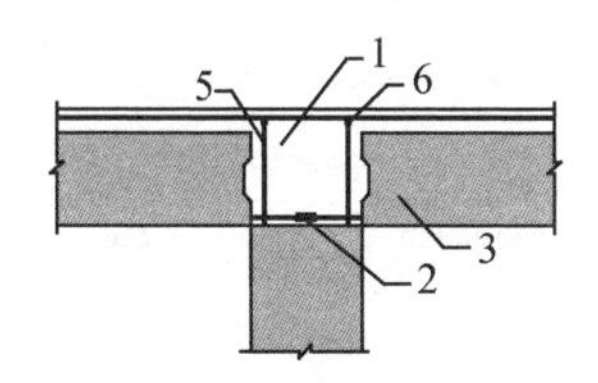

(b) 框架顶层中节点

1—后浇区；2—梁下部纵向受力钢筋连接；3—预制梁；
4—预制柱；5—柱纵向受力钢筋；6—锚固板

图 5.7.7 预制柱及叠合梁框架中节点构造示意

5.8 剪力墙

5.8.1 当焊接网用作剪力墙的分布筋时，其适用范围及设计要求应符合下列规定：

1 应根据设防烈度、结构类型和房屋高度，按现行国家标准《混凝土结构设计规范》GB 50010 的规定采用不同的抗震等级，并应符合相应的计算要求和抗震构造措施。

2 热轧带肋钢筋焊接网可用作钢筋混凝土房屋中非抗震设防及抗震等级为一、二、三、四级墙体的分布钢筋。

3 CRB550、CRB600H 焊接网不应用于抗震等级为一级的结构中，可用作抗震等级为二、三、四级的剪力墙底部加强部位以上的墙体分布钢筋。

5.8.2 厚度大于 160 mm 的剪力墙应配置双层钢筋焊接网；结构中重要部位的剪力墙，当其厚度不大于 160 mm 时，也宜配置双层钢筋焊接网；当墙厚大于 400 mm 但不大于 700 mm 时，宜配置三层钢筋焊接网；当墙厚大于 700 mm 时，宜配置四层钢筋焊接网；各排分布筋之间拉筋直径不宜小于 6 mm，间距不宜大于

600 mm。

5.8.3 钢筋焊接网混凝土剪力墙的水平和竖向分布钢筋的配置，应符合下列规定：

1 一、二、三级抗震等级的剪力墙的水平和竖向分布钢筋配筋率均不应小于 0.25%；四级抗震等级剪力墙配筋率不应小于 0.20%。

2 部分框支剪力墙结构的剪力墙底部加强部位，水平和竖向分布钢筋的配筋率均不应小于 0.30%。

3 对高度小于 24 m 且剪压比很小的四级抗震等级剪力墙，其竖向分布钢筋最小配筋率可按 0.15%采用。

5.8.4 成型钢筋混凝土剪力墙中边缘构件宜采用弯网成型或穿箍成型钢筋骨架，剪力墙边缘构件中弯网成型和穿箍成型钢筋骨架的箍筋末端弯钩和平直段长度应符合本标准第 5.1.5 条和第 5.1.6 条的规定。

5.8.5 成型钢筋混凝土剪力墙连梁中采用的成型钢筋骨架应符合现行国家标准《建筑抗震设计规范》GB 50011 和《混凝土结构设计规范》GB 50010 的有关规定。

5.8.6 成型钢筋混凝土现浇或预制剪力墙中分布筋焊接网采用机械连接时(图 5.8.6)，剪力墙钢筋连接段的水平钢筋直径不应小于 10 mm 和剪力墙分布钢筋直径的较大值，间距不大于 100 mm。楼板顶面以上第一道水平钢筋距楼板顶面不宜大于 50 mm，套筒上端第一道水平钢筋距套筒顶部不宜大于 20 mm。剪力墙分布筋焊接网用于剪力墙底部加强部位时，机械连接接头应采用Ⅰ级接头。

5.8.7 除一、二级抗震等级剪力墙底部加强部位外，成型钢筋混凝土剪力墙中作为分布钢筋的焊接网可按一楼层为一个竖向单元，其竖向搭接可设置在楼层面之上，搭接长度 l_{lE} 不应小于 400 mm、$40d$ 和 $1.2l_{aE}$ 中的较大值(d 为竖向分布钢筋直径)。在搭接范围内，下层的焊接网可不设水平分布钢筋，搭接时应将下层网的竖向钢筋与上层网的钢筋绑扎牢固(图 5.8.7)。

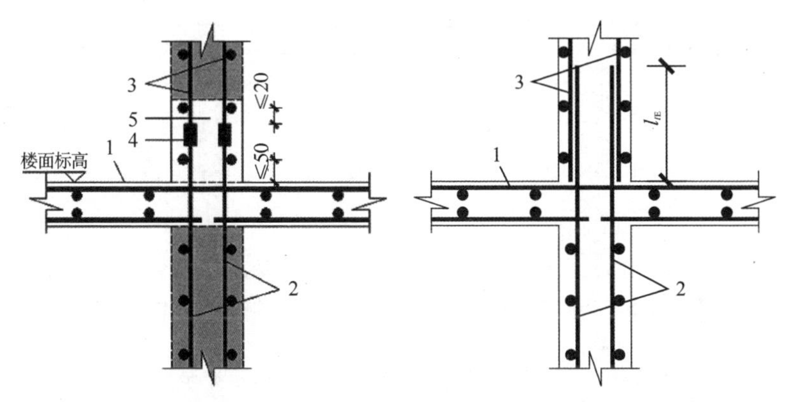

1—楼板;2—下层焊接网;3—上层焊接网;4—挤压套筒;5—连接区段

图 5.8.6　墙体钢筋焊接网的机械连接(单位:mm)

1—楼板;2—下层焊接网;3—上层焊接网

图 5.8.7　墙体钢筋焊接网的竖向搭接

5.8.8　剪力墙中钢筋焊接网的构造应符合下列规定:

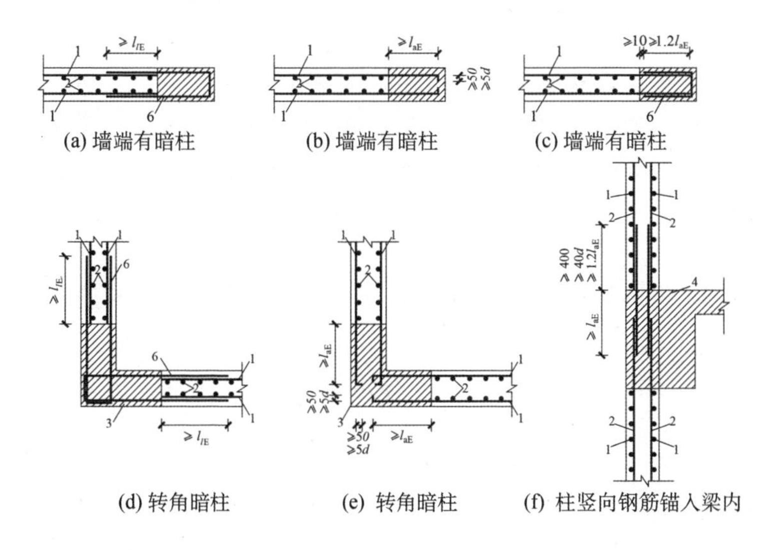

(a) 墙端有暗柱　(b) 墙端有暗柱　(c) 墙端有暗柱

(d) 转角暗柱　(e) 转角暗柱　(f) 柱竖向钢筋锚入梁内

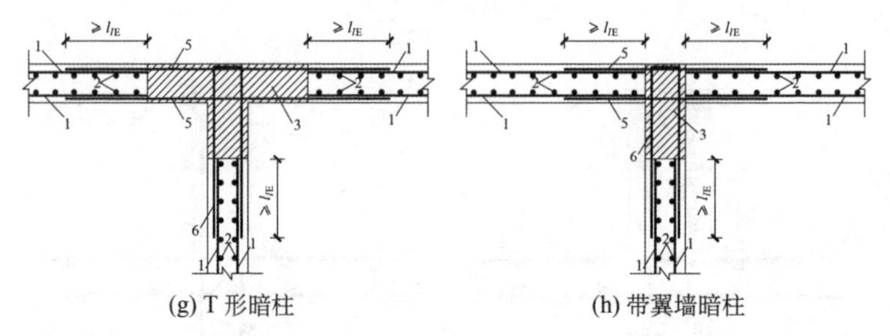

1—焊接网水平钢筋；2—焊接网竖向钢筋；3—暗柱；4—暗梁；5—连接钢筋；6—U 形筋

图 5.8.8　钢筋焊接网在墙体端部及交叉处的构造(单位:mm)

1　当墙体端部有暗柱时，墙中焊接网应布置至暗柱边，再用通过暗柱的 U 形筋与两侧焊接网搭接[图 5.8.8(a)]，搭接长度应符合本标准第 5.3.12 条的要求；或将焊接网设在暗柱外侧，并将水平钢筋弯成直钩伸入暗柱内，伸入长度不小于 l_{aE}，直钩的长度不宜小于 $5d$，且不应小于 50 mm[图 5.8.8(b)]；也可将墙中焊接网水平钢筋伸入暗柱内，再用通过暗柱的 U 形筋与两侧焊接网搭接，搭接长度不小于 $1.2l_{aE}$[图 5.8.8(c)]。

2　当墙体端部为转角暗柱时，墙中两侧焊接网应布置至暗柱边，再用通过暗柱的 U 形筋与两侧焊接网搭接，搭接长度为 l_{lE}[图 5.8.8(d)]；或将焊接网的水平钢筋弯成直钩伸入暗柱内，伸入长度不小于 l_{aE}，直钩的长度不宜小于 $5d$，且不应小于 50 mm[图 5.8.8(e)]。

3　当墙体底部和顶部有梁或暗梁时，竖向分布钢筋应插入梁或暗梁中，其长度应为 l_{aE}[图 5.8.8(f)]。钢筋焊接网在暗梁中的锚固长度，应符合本标准第 5.2.5 条和第 5.2.7 条的规定。

4　当墙体端部为 T 形暗柱或带翼墙暗柱时，焊接网应布置至混凝土边，用 U 形筋连接内墙两侧焊接网，用同种钢筋连接垂直于内墙的外墙两侧焊接网的水平钢筋，其搭接长度均应为 l_{lE}

［图 5.8.8(g)、(h)］。

5 约束边缘构件和构造边缘构件的配筋应符合现行国家标准《建筑抗震设计规范》GB 50011 的有关规定。

本标准用词说明

1 为了便于在执行本标准条文时区别对待，对要求严格程度不同的用词说明如下：

1) 表示很严格，非这样做不可的用词：
正面词采用“必须”；
反面词采用“严禁”。

2) 表示严格，在正常情况下均应这样做的用词：
正面词采用“应”；
反面词采用“不应”或“不得”。

3) 表示允许稍有选择，在条件许可时首先这样做的用词：
正面词采用“宜”；
反面词采用“不宜”。

4) 表示有选择，在一定条件下可以这样做的用词，采用“可”。

2 标准中指定应按其他相关标准、规范执行时，写法为“应符合……的规定”或“应按……执行”。

引用标准名录

1 《混凝土结构用成型钢筋制品》GB/T 29733
2 《钢筋混凝土用钢　第1部分:热轧光圆钢筋》GB/T 1499.1
3 《钢筋混凝土用钢　第2部分:热轧带肋钢筋》GB/T 1499.2
4 《钢筋混凝土用钢　第3部分:钢筋焊接网》GB/T 1499.3
5 《钢筋混凝土用余热处理钢筋》GB 13014
6 《冷轧带肋钢筋》GB/T 13788
7 《建筑结构荷载规范》GB 50009
8 《混凝土结构设计规范》GB 50010
9 《建筑抗震设计规范》GB 50011
10 《建筑结构可靠性设计统一标准》GB 50068
11 《工程结构设计基本术语标准》GB/T 50083
12 《工程结构设计通用符号标准》GB/T 50132
13 《混凝土结构耐久性设计标准》GB/T 50476
14 《混凝土结构工程施工规范》GB 50666
15 《装配式混凝土建筑技术标准》GB/T 51231
16 《建筑与市政工程抗震通用规范》GB 55002
17 《混凝土结构通用规范》GB 55008
18 《装配式混凝土结构技术规程》JGJ 1
19 《高层建筑混凝土结构技术规程》JGJ 3
20 《钢筋焊接及验收规程》JGJ 18
21 《钢筋机械连接技术规程》JGJ 107

22 《钢筋焊接网混凝土结构技术规程》JGJ 114

23 《钢筋机械连接用套筒》JG/T 163

24 《钢筋锚固板应用技术规程》JGJ 256

25 《钢筋套筒灌浆连接应用技术规程》JGJ 355

26 《混凝土结构成型钢筋应用技术规程》JGJ 366

27 《冷轧带肋钢筋混凝土结构技术规程》JGJ 95

28 《钢筋连接用灌浆套筒》JG/T 398

29 《钢筋连接用套筒灌浆料》JG/T 408

30 《高延性冷轧带肋钢筋》YB/T 4260

31 《钢筋混凝土用钢筋桁架》YB/T 4262

上海市工程建设规范

成型钢筋混凝土结构设计标准

2024 上海

目　次

Contents

1 总 则

1.0.1 本条指出制定本标准的目的和要求，并提出了成型钢筋在混凝土结构中应用必须遵循的原则。近年来，成型钢筋在混凝土结构的应用技术是国内建筑工业化发展的新方向，已取得了大量的研究成果，设计与施工水平不断提高，工程量迅速增加。制定本标准，是为了该项新技术的发展更为规范化和系统化，促进智能建造和建筑工业化协调发展，以获得更好的经济效益和社会效益。

1.0.2 本条指出了本标准的适用范围。本标准适用于建筑和市政工程中的成型钢筋混凝土结构，包括现浇混凝土结构和预制混凝土结构。轨道交通和水利工程中的成型钢筋混凝土结构可参照本标准执行。

1.0.3 在设计和施工中除本标准的要求外，尚应配合使用国家、行业和本市现行有关标准。

2 术语和符号

2.1 术 语

术语主要根据国家、行业和本市现行相关标准，并结合本标准中的内容给出。

2.2 符 号

符号主要根据现行国家标准《工程结构设计基本术语标准》GB/T 50083、《工程结构设计通用符号标准》GB/T 50132 和《混凝土结构设计规范》GB 50010，并结合本标准中的内容给出。

3 材　料

3.1 混凝土

3.1.1,3.1.2 根据成型钢筋混凝土结构在国内的实际应用情况，规定了混凝土强度等级的最低要求，工程设计时尚应考虑混凝土耐久性设计要求以及不同类型工程结构的使用特点，按照相应的设计规范要求以确定混凝土的强度等级，并根据不同的工程类型按不同行业的有关标准确定混凝土的各项力学指标。

3.2 钢　筋

3.2.1 本条对成型钢筋原材的选用执行标准进行了规定，确保成型钢筋应用过程中的原材质量。

3.2.2 本条根据国家现行相关标准规定的成型钢筋用钢品种，提出了常用钢筋的种类、直径范围与力学性能。

3.2.3～3.2.5 根据国家现行相关标准制定的混凝土用钢品种对成型钢筋原材的计算截面面积、单位长度理论重量及重量允许偏差、弯曲性能进行了详细的规定，以方便选用和检验钢筋是否瘦身时参照。截面面积按 $S=3.141\,592\,6\times d^2/4$ mm^2 公式计算，保留一位小数，钢筋每米理论重量按 $g=3.141\,592\,6\times d^2/4\times 7.85/1\,000$ kg 公式计算，保留三位小数。钢筋允许重量偏差和工艺性能参数按照相关产品标准要求确定。

3.2.6 根据现行国家标准《混凝土结构设计规范》GB 50010 的要求，将 400 MPa、500 MPa 级高强热轧带肋钢筋作为纵向受力的主导钢筋推广使用，尤其是梁、柱和斜撑构件的纵向受力配筋应优先采用 400 MPa、500 MPa 级高强钢筋，500 MPa 级高强钢筋用于高层建筑的柱、大跨度与重荷载梁的纵向受力配筋更为有利；使用 HPB300 钢筋的规格限于直径 6 mm～14 mm，主要用于小规格梁柱的箍筋与其他混凝土构件的构造配筋。根据国内现有工程实践，用于铁路无砟轨道底座及桥面铺装层中的焊接网，建议优先选用 CRB550 和 HRB400 钢筋。其他牌号钢筋，当有试验依据和工程经验时，可以应用。

3.3 连接材料

3.3.1 本条规定套筒材料应符合现行行业标准《钢筋机械连接用套筒》JG/T 163 的有关规定。《钢筋机械连接用套筒》JG/T 163 对 45 号钢冷拔或冷轧精密无缝钢管的使用作了除“应退火处理”外，尚应满足强度不大于 800 MPa 和断后伸长率不小于 14％的规定。

4 设计计算

4.1 一般规定

4.1.1,4.1.2 成型钢筋混凝土结构设计时，其直接荷载作用取值、地震荷载作用取值、基本设计规定、设计方法以及构件的抗震设计、耐久性设计等，基本上与配置其他钢筋的混凝土结构相同，有关的设计规定除应符合本标准的要求外，尚应符合国家现行相关标准的有关规定。由于尚无相关研究成果，成型钢筋混凝土构件冲切、局部受压、疲劳验算等内容可采用现行国家标准《混凝土结构设计规范》GB 50010 的计算方法。

4.1.3 成型钢筋混凝土结构，在正常使用极限状态下的变形和裂缝宽度验算，参照现行国家标准《混凝土结构设计规范》GB 50010 的规定，采用按荷载的准永久组合并应考虑荷载长期作用的影响进行计算。

4.1.6 成型钢筋在堆放、运输和吊装等短暂受力状态下需进行受力验算。为防止成型钢筋在堆放、运输和吊装时发生塑性变形或成型钢筋骨架发生过大变形，宜设置补强钢筋并进行首件试吊装。补强钢筋包括吊点加强筋，水平加强筋、X 形对角斜拉筋等。

4.2 正截面承载力计算

Ⅰ 正截面受弯承载力计算

4.2.1 成型钢筋混凝土受弯构件基本试验表明，构件的正截面应变规律基本符合平截面假定，压区混凝土应力-应变及拉区成型钢筋的应力-应变规律与普通钢筋混凝土构件相同。在进行构件的正截面承载力计算时，可采用现行国家标准《混凝土结构设计规范》GB 50010 的计算方法。

4.2.2 在正截面承载力计算中，有时遇到钢筋代换，为简化计算，在求相对界限受压区高度 ξ_b 时，将国家标准《混凝土结构设计规范》GB 50010—2010 中公式(6.2.7-1)及公式(6.2.7-2)中的 f_y 以各钢种相应的强度设计值代入，弹性模量也以相应值代入，并取 $\varepsilon_{cu}=0.0033$、$\beta_1=0.8$。当混凝土强度等级不超过 C50 时，对 CRB550、HRBF600H 成型钢筋混凝土构件，取 $\xi_b=0.36$；对 HRB400、HRBF400，取 $\xi_b=0.52$；对 HRB500、HRBF500，取 $\xi_b=0.48$。国内外试验结果表明，配螺旋箍筋(绕箍成型)混凝土梁的受弯承载力略高于配传统绑扎箍筋混凝土梁，但差别较小，因此在计算配螺旋箍筋混凝土构件的正截面受弯承载力时仍采用现行国家标准《混凝土结构设计规范》GB 50010 的有关规定。

4.2.3 本条对计入纵向受压钢筋的正截面受弯承载力计算提出了规定。

Ⅱ 正截面受压承载力计算

4.2.4 对于上、下端有支点的轴心受压构件，其计算长度 l_0 可偏安全地取构件上、下端支点之间距离的 1.1 倍。

当需用公式计算 φ 值时，对矩形截面也可近似用 $\varphi=\left[1+0.002\left(\frac{l_0}{b}-8\right)^2\right]^{-1}$ 代替查表取值。当 l_0/b 不超过 40 时，公式计算值与表列数值误差不致超过 3.5%。在用上式计算 φ 时，对任意截面可取 $b=\sqrt{12i}$，对圆形截面可取 $b=\sqrt{3}d/2$。

4.2.5 根据国内外的试验结果，当混凝土强度等级大于 C50 时，间接钢筋混凝土的约束作用将会降低，为此，在混凝土强度等级为 C50～C80 的范围内，给出折减系数 α 值。基于与第 4.2.4 条相同的理由，在公式(4.2.5-1)右端乘以系数 0.9。偏心受压构件的承载力计算应符合国家标准《混凝土结构设计规范》

GB 50010—2010 第 6.2.17 条～第 6.2.21 条的有关规定。

4.2.6 矩形截面偏心受压构件：

1 对非对称配筋的小偏心受压构件，当偏心距很小时，为了防止 A_s 产生受压破坏，尚应按公式(4.2.6-5)进行验算，此处引入了初始偏心距 $e_i=e_0-e_a$，这是考虑了不利方向的附加偏心距。计算表明，只有当 $N>f_c bh$ 时，钢筋 A_s 的配筋率才有可能大于最小配筋率的规定。

2 对称配筋小偏心受压的钢筋混凝土构件近似计算方法：

当应用偏心受压构件的基本公式(4.2.6-1)、公式(4.2.6-2)及国家标准《混凝土结构设计规范》GB 50010—2010 第 6.2.8 条求解对称配筋小偏心受压构件承载力时，将出现 ξ 的三次方程。第 4.2.6 条第 4 款的简化公式是取 $\xi\left(1-\frac{1}{2}\xi\right)\frac{\xi_b-\xi}{\xi_b-\beta_1}$，使求解 ξ 的方程将为一次方程，便于直接求得小偏压构件所需的配筋面积。

Ⅲ 正截面受拉承载力计算

4.2.7 偏心受拉构件的承载力计算应符合国家标准《混凝土结构设计规范》GB 50010—2010 第 6.2.23 条～第 6.2.25 条的有关规定。

4.2.8 本条对偏心受拉构件正截面承载力的计算作出了规定。

4.3 斜截面承载力计算

4.3.1 规定受弯构件的受剪截面限制条件，其目的首先是防止构件截面发生斜压破坏(或腹板压坏)，其次是限制在使用阶段可能发生的斜裂缝的宽度，同时也是构件斜截面受剪破坏的最大配箍率条件。本条同时给出了划分普通构件与薄腹构件截面限制条件的界限，以及两个截面限制条件的过渡办法。

4.3.2 本条给出了需要进行斜截面受剪承载力计算的截面位

置。在一般情况下是指最可能发生斜截面破坏的位置，包括可能受力最大的梁端截面、截面尺寸突然变化处、箍筋数量变化和弯起钢筋配置处等。

4.3.3 本条对配置成型钢筋的矩形截面受弯构件的斜截面受剪承载力的计算作出了规定。近年来，编制组开展了一系列成型钢筋混凝土梁的试验研究，结果表明，成型钢筋混凝土梁的受剪承载力不低于采用绑扎箍筋的混凝土梁。因此，在计算成型钢筋混凝土构件的受剪承载力时，仍采用现行国家标准《混凝土结构设计规范》GB 50010 的有关规定。

4.4 正常使用极限状态验算

4.4.1,4.4.2 成型钢筋混凝土受弯构件裂缝宽度验算的荷载取值按荷载准永久组合并考虑长期作用的影响。

4.4.3 混凝土受弯构件的挠度主要取决于构件的刚度。本条假定在同号弯矩区段内的刚度相等，并取该区段内最大弯矩处所对应的刚度；对于允许出现裂缝的构件，它就是该区段内的最小刚度，这样做是偏安全的。当支座截面刚度与跨中截面刚度之比在本条规定的范围内时，采用等刚度计算构件挠度，其误差一般不超过 5%。

4.4.5 在受弯构件短期刚度 B_s 基础上，提出了考虑荷载准永久组合的长期作用对挠度增大的影响，给出了刚度计算公式。

5 构造规定

5.1 一般规定

5.1.1 对于成型钢筋的生产和构造:

1 现行国家标准《混凝土结构工程施工规范》GB 50666 对不同级别钢筋的弯钩及弯弧内径作出了具体规定,钢筋加工时应严格按照规定执行,以防止因弯弧内径太小使钢筋弯折后弯弧外侧出现裂缝,影响钢筋受力或锚固性能。

2 纵向受力钢筋弯折后的平直段应符合长度要求。

5.1.2 目前工业中成型钢筋骨架主要有钢筋焊接网、弯网成型钢筋骨架、穿箍成型钢筋骨架和绕箍成型钢筋骨架等。焊接网片可用于混凝土板类构件。弯网成型钢筋骨架、穿箍成型钢筋骨架、绕箍成型钢筋骨架可用于混凝土梁、柱和剪力墙边缘构件中。

5.1.3 焊接网片两个方向上钢筋的直径和间距可以不同,但在同一方向上的钢筋宜有相同的直径、间距和长度。网格尺寸为正方形或矩形,网片的长度和宽度可根据设备生产能力或由工程设计人员确定。非定型焊接网一般根据具体工程情况,其网片形状、网格尺寸、钢筋直径等,应考虑加工方便、尽量减少型号、提高生产效率等因素,由焊网厂的布网设计人员确定。

5.1.4 近年来,编制组开展了一系列成型钢筋混凝土构件的试验研究,结果表明,混凝土梁、柱、剪力墙采用 90°箍筋弯钩、$12d$ 弯钩搭接长度时均具有良好的抗震性能。对抗震等级为三、四级的结构构件,当可忽略扭矩对构件的影响时,箍筋末端可采用 90°弯钩。弯钩平直段长度不应小于 $12d$ 的做法,为工程中使用箍筋 90°弯钩创造了条件。

5.1.5 近年来，编制组开展了一系列弯网成型钢筋混凝土构件的抗震试验研究，结果表明，混凝土构件采用弯网成型钢筋骨架时具有良好的抗震性能。本条基于编制组的试验研究成果制定。

5.1.6 与弯折封闭箍筋相比，焊接封闭箍筋更易于加工和穿筋。近年来，编制组开展了一系列穿箍成型钢筋混凝土构件的试验研究，结果表明，混凝土构件采用焊接封闭箍筋时抗震性能良好。因此，组合成型钢筋在采用穿箍成型工艺时，宜优先采用焊接封闭箍筋。

5.1.7 近年来，编制组开展了一系列绕箍成型钢筋混凝土构件的试验研究，结果表明，混凝土构件采用绕箍成型钢筋骨架且端部平直段为1圈半时抗震性能良好。本条基于编制组的试验研究成果，并参照国内外相关研究成果制定。

5.2 钢筋的锚固

5.2.1 基本锚固长度 l_{ab} 取决于钢筋强度 f_y 及混凝土抗拉强度 f_t，并与锚固钢筋的直径与外形有关。公式(5.2.1-1)为计算基本锚固长度 l_{ab} 的通式，其中分母项反映了混凝土对粘结锚固强度的影响，用混凝土的抗拉强度表达。公式(5.2.1-2)规定，工程中实际的锚固长度 l_a 为钢筋基本锚固长度 l_{ab} 乘锚固长度修正系数 ζ_a 后的数值。修正系数 ζ_a 根据锚固条件按第5.2.2条取用，且可连乘。为保证可靠锚固，在任何情况下受拉钢筋的锚固长度不能小于最低限度，其数值不应低于 $0.6l_{ab}$ 及200 mm。

5.2.2 为反映粗直径带肋钢筋相对肋高减小对锚固作用降低的影响，直径大于25 mm的粗直径带肋钢筋的锚固长度应适当加大，乘以修正系数1.10。施工扰动对钢筋锚固作用的不利影响，修正系数取1.10。

锚固钢筋常因外围混凝土的纵向劈裂而削弱锚固作用，当混凝土保护层厚度较大时，握裹作用加强，锚固长度可以减短。经试验及可靠度分析，并根据工程实际经验，当保护层厚度大于锚固钢筋直径的3倍时，可乘修正系数0.80；保护层厚度大于锚固钢筋直径的5倍时，可乘修正系数0.70；中间情况插值。

5.2.3 对钢筋末端配置弯钩和机械锚固，可乘以修正系数0.6，减小锚固长度。对锚头或锚板的净挤压面积，应不小于4倍锚筋截面积，即总投影面积的5倍。对方形锚板边长为1.98d、圆形锚板直径为2.24d（d为锚筋的直径）。锚筋端部的焊接锚板或贴焊钢筋，应满足现行行业标准《钢筋焊接及验收规程》JGJ 18的要求。对弯钩，要求在弯折角度不同时弯后直线长度分别为12d和5d。机械锚固局部受压承载力与锚固区混凝土的厚度及约束程度有关。考虑锚头集中布置后对局部受压承载力的影响，锚头宜在纵、横两个方向错开，净间距均为不宜小于4d。

5.2.4 根据工程经验、试验研究及可靠度分析，并参考国外规范，受压钢筋的锚固长度确定为相应受拉锚固长度的70%。

5.2.5 焊接网钢筋的锚固长度与钢筋强度、混凝土抗拉强度、焊点抗剪力、锚固钢筋的直径和外形以及施工等因素有关。根据粘结锚固拔出试验结果，对三面肋冷轧带肋钢筋及二面肋高延性冷轧带肋钢筋测得的外形系数α=0.12。根据国内试验结果和产品标准要求并参考国外有关标准规定，一个焊点承担的抗剪力值相当钢筋屈服力值的30%，即一个焊点可减少锚固长度达30%。对于热轧带肋钢筋取外形系数α=0.14，同样，一个焊点承担的抗剪力也按30%考虑。

5.2.6 钢筋焊接网局部范围的受力钢筋也可采用单支的带肋钢筋作附加筋在现场绑扎连接。附加钢筋截面面积可按等强度设计原则换算求得。其最小锚固长度应符合本标准表5.2.5中锚固长度内无横筋的规定。

5.3 钢筋的连接

5.3.1 钢筋连接的形式各自适用于一定的工程条件。钢筋连接的基本原则为：连接件接头设置在受力较小处；避开结构的关键受力部位，如柱端、梁端的箍筋加密区。

5.3.2 本条给出纵向受力钢筋机械连接接头宜相互错开和接头连接区段长度为 $35d$ 的规定。接头百分率关系到结构的安全、经济和方便施工。本条规定综合考虑了上述三项因素，在国内钢筋机械接头质量普遍有较大提高的情况下，放宽了接头使用部位和接头面积百分率限制，从而在保证结构安全的前提下，既方便了施工又可取得一定的经济效益，尤其对某些特殊场合解决在同一截面 100%钢筋连接创造了条件。根据本条规定，只要接头面积百分率不大于 50%，Ⅱ级接头可以在抗震结构中的任何部位使用。

5.3.3 不同牌号钢筋可焊性及焊后力学性能影响有所差别。此外，粗直径钢筋的（大于 28 mm）焊接质量不易保证，工艺要求从严。对上述情况，均应符合现行行业标准《钢筋焊接及验收规程》JGJ 18 的有关规定。

5.3.8 带肋钢筋焊接网在非受力方向的分布钢筋的搭接，当采用叠搭法或扣搭法时，为保证搭接长度内钢筋强度及混凝土抗剪强度的发挥，要求每张网片在搭接区内至少应有 1 根受力主筋，并从构造上给出了最小搭接长度。当采用平搭法，一张网片在搭接区内无受力主筋时，分布钢筋的搭接长度应适当增加。

5.3.9 当采用叠搭法或扣搭法时，要求在搭接区内每张网片至少有 1 根横向焊接筋。为了更好发挥搭接区内混凝土的抗剪强度，两网片最外一根横向钢筋之间的距离不应小于 50 mm。带肋钢筋焊接网的搭接长度以两片焊接网钢筋末端之间的长度计算。

搭接区内只允许一块网片无横向焊接筋，此种情况一般出现在平搭法中，同时要求另一张网片在搭接区内必须有横向焊接筋。由于横向钢筋的约束作用，有利于提高粘结锚固性能。带肋钢筋焊接网采用平搭法可使受力主筋在同一平面内，构件的有效高度相同，各断面承载力基本一致。当板厚偏薄时，平搭法具有一定优点。

钢筋焊接网的搭接均是两张网片的全部钢筋在同一搭接处完成，国内外几十年的工程实践表明，这种处理方法是合理的，施工方便、性能可靠。

5.3.12 在地震作用下的钢筋焊接网配筋构件，如剪力墙墙面中的纵向钢筋可能处于拉、压反复作用的受力状态。此时，钢筋与其周围混凝土的粘结锚固性能将比单调受力时不利，为保证必要的粘结锚固性能，因此，在静力要求的搭接长度基础上，给出了增加相应的钢筋抗震搭接长度。

5.4 板

5.4.1 受力钢筋的间距过大不利于板的受力，且不利于裂缝控制。根据工程经验，规定了常用混凝土板中受力钢筋的最大间距。

5.4.2 国内多年使用经验表明，板的焊接网布置宜按板的梁系区格（或按墙支承）布置比较合理，且施工方便。从节省材料考虑，宜尽量减少搭接，单向板底网的受力主筋不宜设置搭接。

5.4.3 分离式配筋施工方便，已成为我国工程中混凝土板的主要配筋形式。本条规定了板中钢筋配置以及支座锚固的构造要求。

5.4.4 考虑到现浇板中存在温度-收缩应力，根据工程经验提出了板应在垂直于受力方向上配置横向分布钢筋的要求。本条规定了分布钢筋配筋率、直径、间距等配筋构造措施；同时对集中荷载较大的情况，提出了应适当增加分布钢筋用量的要求。

5.4.6 双向板底网在短跨方向考虑施工方便，可在支座附近与伸入支座的附加焊接网或绑扎钢筋搭接，这种布网方式在国外工程已有采用。双向板长跨方向的底网需搭接时，可采用图 5.4.6(a)和(d)的搭接形式。

5.4.7 本标准仅给出单向焊接网的布网形式。在满铺面网的情况下,也可采用单向焊接网的布网方式。

5.4.8 当面网钢筋用量较多、直径偏大、弯折施工不便时,可将钢筋用量较多板的钢筋伸入用量较少的板中,且按较大钢筋进行搭接设计。但钢筋的混凝土保护层厚度必须满足规定要求。如梁中配筋密度不大且焊接网钢筋弯折方便,也可采用钢筋弯折入梁锚固。

5.4.9 这是焊接网与柱连接的一般方法,可根据施工现场的条件选择合适的连接方法。当柱主筋向上伸出长度不大时,宜采用整网套柱布置方式[图 5.4.9(a)]。

5.5 梁

5.5.1 为了保证混凝土浇筑质量,提出梁内纵向钢筋数量、直径及布置的构造要求。当配筋过于密集时,可以采用并筋的配筋形式。

5.5.2 对于简支支座上的钢筋混凝土梁,给出了在支座处纵向钢筋锚固的要求以及在支座范围内配筋的规定。

5.5.3 在连续梁和框架梁的跨内,支座负弯矩受拉钢筋在向跨内延伸时,可根据弯矩图在适当部位截断。当梁端作用剪力较大时,在支座负弯矩钢筋的延伸区段范围内将形成由负弯矩引起的垂直裂缝和斜裂缝,并可能在斜裂缝区前端沿该钢筋形成劈裂裂缝,使纵筋拉应力由于斜弯作用和粘结退化而增大,并使钢筋受拉范围相应向跨中扩展。因此,钢筋混凝土梁的支座负弯矩纵向受力钢筋(梁上部钢筋)不宜在受拉区截断。

国内外试验研究结果表明,为了使负弯矩钢筋的截断不影响它在各截面中发挥所需的抗弯能力,应通过两个条件控制负弯矩钢筋的截断点:第一个控制条件(即从不需要该批钢筋的截面伸出的长度)是使该批钢筋截断后,继续前伸的钢筋能保证通过截断点的斜截面具有足够的受弯承载力；第二个控制条件（即从充分利用截面向前伸出的长度）是使负弯矩钢筋在梁顶部的特定锚固条件下具有必要的锚固长度。根据对分批截断负弯矩纵向钢筋时钢筋延伸区段受力状态的实测结果，规范作出了上述规定。

当梁端作用剪力较小（$V \leqslant 0.7 f_t b h_0$）时，控制钢筋截断点位置的两个条件仍按无斜向开裂的条件取用。

当梁端作用剪力较大（$V \geqslant 0.7 f_t b h_0$），且负弯矩区相对长度不大时，给出的第二个控制条件可继续使用；第一个控制条件在不需要该钢筋截面伸出长度不小于 $20d$ 的基础上，增加了同时不小于 h_0 的要求。

若负弯矩区相对长度较大，按以上两个条件确定的截断点仍位于与支座最大负弯矩对应的负弯矩受拉区内时，延伸长度应进一步增大。增大后的延伸长度分别为自充分利用截面伸出长度，以及自不需要该批钢筋的截面伸出长度，在二者中取较大值。

5.5.4 由于悬臂梁剪力较大且全长承受负弯矩，“斜弯作用”及“沿筋劈裂”引起的受力状态更为不利。试验表明，在作用剪力较大的悬臂梁内，因梁全长受负弯矩作用，临界斜裂缝的倾角明显较小，因此悬臂梁的负弯矩纵向受力钢筋不宜切断，而应按弯矩图分批下弯，且必须有不少于 2 根上部钢筋伸至梁端，并向下弯折锚固。

5.5.5 根据工程经验，给出了在按简支计算但实际受有部分约束的梁端上部，为避免负弯矩裂缝而配置纵向钢筋的构造规定；还对梁架立筋的直径作出了规定。

5.5.7 编制组开展的一系列成型钢筋混凝土梁的试验研究结果表明，混凝土梁采用弯网成型（90°箍筋弯钩、$12d$ 弯钩搭接长度）、穿箍成型（焊接封闭箍）和绕箍成型（首、末端平直段为 1 圈半）钢筋骨架时均具有良好的抗震性能。本条根据编制组的试验研究成果制定。

5.5.8 本条对成型钢筋混凝土梁纵向钢筋加密区箍筋最大间距

和箍筋最小直径的要求作出了规定。

5.6 柱

5.6.1 本条规定了柱中纵向钢筋(包括受力钢筋及构造钢筋)的基本构造要求。柱宜采用大直径钢筋作纵向受力钢筋。配筋过多的柱在长期受压混凝土徐变后卸载,钢筋弹性回复会在柱中引起横裂,故应对柱最大配筋率作出限制。对圆柱提出了最低钢筋数量以及均匀配筋的要求,但当圆柱作方向性配筋时不在此列。此外还规定了柱中纵向钢筋的间距。间距过密影响混凝土浇筑密实;过疏则难以维持对芯部混凝土的围箍约束。同样,柱侧构造筋及相应的复合箍筋或拉筋也是为了维持对芯部混凝土的约束。

5.6.2 柱中配置箍筋的作用是为了架立纵向钢筋,承担剪力和扭矩,并与纵筋一起形成对芯部混凝土的围箍约束。为此,对柱的配箍提出系统的构造措施,包括直径、间距、数量、形式等。

采用焊接封闭环式箍筋、连续螺旋箍筋或连续复合螺旋箍筋,都可以有效地增强对柱芯部混凝土的围箍约束而提高承载力。当考虑其间接配筋的作用时,对其配箍的最大间距作出限制。但间距也不能太密,以免影响混凝土的浇筑施工。

对连续螺旋箍筋、焊接封闭环式箍筋或连续复合螺旋箍筋,已有成熟的工艺和设备。施工中采用预制的专用产品,可以保证应有的质量。

5.6.3 编制组开展的一系列成型钢筋混凝土柱的试验研究结果表明,混凝土柱采用弯网成型(90°箍筋弯钩、$12d$ 弯钩搭接长度)、穿箍成型(焊接封闭箍)和绕箍成型(首、末端平直段为1圈半)钢筋骨架时均具有良好的抗震性能。

5.6.4 组合螺旋箍筋是一种机械加工、自动成型的螺旋箍筋,具有免拉结筋、节省材料的优点。高层、超高层建筑下部框架柱往往存在轴压力高、截面尺寸大、主筋布置较多等问题，矩形-八角形组合螺旋箍筋因其具有在免拉结筋的情况下对大截面混凝土柱的约束效果较好的特点而可被应用于高层、超高层建筑框架柱中。同济大学和华东建筑设计研究院有限公司合作开展了矩形-八角形组合螺旋箍筋混凝土柱抗震性能试验，结果表明，采用矩形-八角形组合螺旋箍筋的成型钢筋混凝土柱具有良好的抗震性能。此外，国外相关研究成果表明采用矩形-菱形组合螺旋箍筋的成型钢筋混凝土柱抗震性能良好，矩形-菱形组合螺旋箍筋在国外也已得到一定应用。

5.6.5 成型钢筋混凝土柱纵向钢筋的连接区域应箍筋加密，本条对箍筋加密区的构造作出了规定，图 5.6.5(a)也适用于现浇柱。

5.7 梁柱节点

5.7.1 本条为框架中间层端节点的配筋构造要求。

在框架中间层端节点处，根据柱截面高度和钢筋直径，梁上部纵向钢筋可以采用直线的锚固方式。

试验研究表明，当柱截面高度不足以容纳直线锚固段时，可采用带 90°弯折段的锚固方式。这种锚固端的锚固力由水平段的粘结锚固和弯弧-垂直段的挤压锚固作用组成。规范强调此时梁筋应伸到柱对边再向下弯折。在承受静力荷载为主的情况下，水平段的粘结能力起主导作用。当水平段投影长度不小于 $0.4l_{abE}$，弯弧-垂直段投影长度为 $15d$ 时，已能可靠保证梁筋的锚固强度和抗滑移刚度。

5.7.2 本条为框架中间层中间节点梁纵筋的配筋构造要求。

5.7.3 本条为框架顶层中间节点梁纵筋的配筋构造要求。

5.7.4 梁钢筋在节点中锚固和连接方式是决定施工可行性以及节点受力性能的关键。梁、柱构件尽量采用较粗直径、较大间距的钢筋布置方式，节点区的主梁钢筋较少，有利于节点的施工，保证施工质量。

5.7.5 本条为框架节点中配箍的构造要求。根据我国工程经验并参考国外有关规范，在框架节点内应设置水平箍。当节点四边有梁时，由于除四角以外的节点周边柱纵向钢筋已经不存在过早压屈的危险，故可以不设复合箍筋。

5.7.6 图 5.7.6-1 和图 5.7.6-2 是以叠合梁、预制柱的节点型式给出，现浇框架节点可参照使用。

5.7.7 梁钢筋在节点中连接是决定施工可行性以及节点受力性能的关键。梁、柱构件尽量采用粗直径、较大间距的钢筋布置方式，节点区的主梁钢筋较少，有利于节点的施工，保证施工质量。图 5.7.7 是以叠合梁、预制柱的节点型式给出，现浇框架节点可参照使用。

5.8 剪力墙

5.8.1 国内外试验结果表明，当合理设置边缘构件且边缘构件的纵筋采用热轧带肋钢筋、轴压比不超过现行国家标准《混凝土结构设计规范》GB 50010 限值时，带肋钢筋焊接网作为墙面的分布筋，其变形能力满足抗震要求。

5.8.2 本条提出墙双排配筋及配置拉结筋的要求。这是为了保证板中的配筋能够充分发挥强度，满足承载力的要求。

5.8.3 钢筋焊接网混凝土剪力墙的竖向和水平分布筋的配筋率按现行国家标准《混凝土结构设计规范》GB 50010 的有关规定。

5.8.4 编制组开展的一系列成型钢筋混凝土剪力墙的试验研究结果表明，混凝土剪力墙边缘构件采用弯网成型和穿箍成型钢筋骨架时均具有良好的抗震性能。本条依据编制组的试验研究成果制定。

5.8.6 预制剪力墙底部后浇段的混凝土现场浇筑质量是机械连

接的关键，实际工程中应采取有效的施工措施，图 5.8.6 是以预制剪力墙的节点形式给出，现浇剪力墙节点可参照使用。

5.8.7 在国内外的墙体焊接网施工中，竖向焊接网一般都按一个楼层高度划分为一个单元，在紧接楼面以上一段可采用平搭法搭接，下层焊接网在楼板厚度内及上部搭接区段范围不焊接水平钢筋，安装时将下层网的竖向钢筋与上层网的钢筋绑扎牢固，搭接长度应满足设计要求。

5.8.8 根据墙体断面特点，对墙中钢筋焊接网的配筋构造作了具体规定。当墙体端部有暗柱时，端部用 U 形筋与墙中两侧焊接网搭接，U 形筋易插入，施工方便。水平筋的弯折段必须伸入暗柱内。伸入梁的竖向分布筋的锚固长度应满足本标准第 5.2.5 条的规定。梁顶部伸出钢筋与上层墙体竖向钢筋的搭接长度应符合本标准第 5.3.9 条或第 5.3.12 条的要求。当墙体的分布筋为 2 层以上时，内部焊接网与暗柱或暗梁的连接，也应采用与外层焊接网类似的可靠连接。剪力墙两端及洞口两侧设置的边缘构件的范围及配筋构造除应符合本标准的要求外，尚应符合有关规范的规定。